高等学校计算机专业教材精选·算法与程序设计

U0148555

JSP 应用教程

李咏梅 余元辉 主编

清华大学出版社

北京

内 容 简 介

JSP 是由 Sun Microsystems 公司倡导、许多公司参与一起建立的一种动态网页技术标准,是基于 Java Servlet 以及整个 Java 体系的 Web 开发技术,利用这一技术可以建立先进、安全和跨平台的动态网站。本书以应用为主,通过大量的示例代码,由浅入深、循序渐进地讲解了如何利用 JSP 技术创建灵活、安全和健壮的 Web 站点。全书共分 14 章,分别详细地介绍了 Java 语法、HTML 常用标签、JSP 语法、JSP 内置对象、JSP 与数据库、JSP 与 JavaBean、JSP 其他常用技术、JBuilder 技术、JDBC 新技术在 JSP 中的应用、EJB 技术、JSP 与 J2EE 分布式处理技术等内容。

本书适合作为高等学校计算机及相关专业学生的教材,也可作为各类计算机培训班的教学用书。

图书在版编目(CIP)数据

JSP 应用教程 / 李咏梅,余元辉主编 . --北京:清华大学出版社,2011.4
(高等学校计算机专业教材精选·算法与程序设计)
ISBN 978-7-302-24474-5

Ⅰ. ①J… Ⅱ. ①李… ②余… Ⅲ. ①JAVA 语言－主页制作－程序设计－高等学校－教材 Ⅳ. ①TP393.092

中国版本图书馆 CIP 数据核字(2011)第 001509 号

责任编辑:白立军　张为民
责任校对:白　蕾
责任印制:王秀菊

出版发行:清华大学出版社　　　　　　　　地　　址:北京清华大学学研大厦 A 座
　　　　　http://www.tup.com.cn　　　　　　邮　　编:100084
　　社　总　机:010-62770175　　　　　　邮　　购:010-62786544
　　投稿与读者服务:010-62795954,jsjjc@tup.tsinghua.edu.cn
　　质　量　反　馈:010-62772015,zhiliang@tup.tsinghua.edu.cn
印　刷　者:北京市人民文学印刷厂
装 订 者:三河市溧源装订厂
经　　销:全国新华书店
开　　本:185×260　　印　　张:15.25　　字　　数:373 千字
版　　次:2011 年 4 月第 1 版　　印　　次:2011 年 4 月第 1 次印刷
印　　数:1~3000
定　　价:25.00 元

产品编号:037186-01

出版说明

我国高等学校计算机教育近年来迅猛发展，应用所学计算机知识解决实际问题，已经成为当代大学生的必备能力。

时代的进步与社会的发展对高等学校计算机教育的质量提出了更高、更新的要求。现在，很多高等学校都在积极探索符合自身特点的教学模式，涌现出一大批非常优秀的精品课程。

为了适应社会的需求，满足计算机教育的发展需要，清华大学出版社在进行了大量调查研究的基础上，组织编写了《高等学校计算机专业教材精选》。本套教材从全国各高校的优秀计算机教材中精挑细选了一批很有代表性且特色鲜明的计算机精品教材，把作者们对各自所授计算机课程的独特理解和先进经验推荐给全国师生。

本系列教材特点如下。

(1) 编写目的明确。本套教材主要面向广大高校的计算机专业学生，使学生通过本套教材，学习计算机科学与技术方面的基本理论和基本知识，接受应用计算机解决实际问题的基本训练。

(2) 注重编写理念。本套教材作者群为各高校相应课程的主讲，有一定经验积累，且编写思路清晰，有独特的教学思路和指导思想，其教学经验具有推广价值。本套教材中不乏各类精品课配套教材，并力图努力把不同学校的教学特点反映到每本教材中。

(3) 理论知识与实践相结合。本套教材贯彻从实践中来到实践中去的原则，书中的许多必须掌握的理论都将结合实例来讲，同时注重培养学生分析问题、解决问题的能力，满足社会用人要求。

(4) 易教易用，合理适当。本套教材编写时注意结合教学实际的课时数，把握教材的篇幅。同时，对一些知识点按教育部教学指导委员会的最新精神进行合理取舍与难易控制。

(5) 注重教材的立体化配套。大多数教材都将配套教师用课件、习题及其解答，学生上机实验指导、教学网站等辅助教学资源，方便教学。

随着本套教材陆续出版，相信它们能够得到广大读者的认可和支持，为我国计算机教材建设及计算机教学水平的提高，为计算机教育事业的发展作出应有的贡献。

清华大学出版社

前　言

伴随着网络的发展,动态网页编程技术越来越受到专业开发人员的重视,它已经成为Web 系统开发的核心。众所周知,动态网页技术主要指 3P 技术,即 ASP、PHP、JSP,本书重点讲述 JSP 编程技术。JSP 是基于 Java Servlet 以及整个 Java 体系的 Web 开发技术,利用这一技术可以建立先进、安全和跨平台的动态网站。和 ASP、PHP 等动态网页技术相比,JSP 在以下几个方面有明显优势:

(1) JSP+JavaBean 的组合使得开发出来的系统能够在所有平台上畅行无阻;

(2) JSP 扩展标签库+JavaBean 使得网站逻辑和网站界面的分离变得易如反掌;

(3) Enterprise JavaBeans 使所有 Web 的复杂事务的处理都能轻松自如;

(4) JDBC-ODBC Bridge 提供了强大的数据库连接技术;

(5) 数据库连接池较普通的数据库连接是一种效率更高的连接方式。

当然,JSP 运行环境的设置较为复杂,其编程语言主要是 Java 面向对象的程序设计语言,对于初学者而言有一定的难度。所以建议读者首先要系统地学习 Java 面向对象的程序设计语言,同时要熟悉 HTML 的语法并具备一定的静态网页制作基础,然后再循序渐进地阅读本教程,这样,读者一定会成为 JSP 编程高手。

本书的编写注重实用性、基础性和可靠性。对 JSP 理论的讲解做到"理论严谨、深入浅出","重点突出、例程详细"等。随着动态网页技术的迅猛发展,出现了不少新的更加实用的编程技术,因此有必要在教材编写中做新的补充和结构调整,本书增加了 JBuilder 技术、EJB 技术、JDBC 新技术在 JSP 中的应用、JSP 与 J2EE 分布式处理技术,这些技术尤其在项目开发实践中显得非常重要。

本书共分为 14 章,第 1~3 章是学习 JSP 的过渡知识,介绍 Java 面向对象的程序设计的基本语法、概念以及 HTML 的常见标签的使用方法,通过这一部分的学习,读者能独立完成静态网页的制作。第 4、5 章是 JSP 的基础部分,介绍 JSP 语法和基本概念的使用。第6~10 章是 JSP 的应用部分,介绍如何在 JSP 网页中调用数据库,如何实现表单技术,如何有效地使用 JavaBean 及 Servlet 组件技术。这一部分借助 Apache Group 的 Tomcat 作为JSP 引擎来详细阐述。第 11~14 章为 JSP 编程的高级部分,介绍 JBuilder 2008 的使用方法及主要功能,借助 JDBC 怎样连接并操作数据库,通过 EJB 怎样部署分布式应用程序,利用 J2EE 怎样简化且规范应用系统的开发与部署等。

本书配有大量的示例代码,使读者对如何从 JSP 编程中获益有比较深刻和全面的理解。读者在系统学完本教程后,会熟练地利用 JSP 创建出灵活、安全和健壮的 Web 站点,以各种方式收集和处理信息。

本书第 1、2 章由李咏梅编写,第 3~6 章由邓莹编写,第 7~10 章由余元辉编写,第

11~14 章由刘自林编写，全书由余元辉统稿。在编写过程中，得到了许多 JSP 开发同行的支持和帮助，他们都是长期工作在第一线的网络设计和开发人员，在此向他们表示衷心的感谢。由于时间仓促，本书难免存在一些纰漏，欢迎广大读者批评指正，以便本书再版时更加完美。

编 者

2011 年 1 月

目　　录

第1章 引　论

本章要点

本章比较了 4 种主要的动态网页开发技术，重点介绍了 JSP 技术及其开发工具，详细介绍了如何安装和配置 JSP 的运行环境，并制作了一个简单的 JSP 网页来实现 JSP 运行平台的测试。

1.1　动态网页技术简介

无论是 HTML、CSS、JavaScript，还是 Flash 动画，都只是静态网页的形式。现在的 Web 已经不再是早期的静态信息发布平台，它的内涵变得更加丰富，可以提供可个性化的搜索功能，用户通过浏览器就能看到具体内容，网页呈现出动态特性。所谓动态，指的是根据用户的需要，对用户输入的信息作出不同的响应，提供响应的信息。动态页面保存在 Web 服务器内，其工作过程可以简单地描述如下：

（1）客户端向 Web 服务器发出访问动态页面的请求。

（2）Web 服务器根据客户端所请求页面的后缀名确定该页面所采用的动态网页编程技术，然后将该页面提交给相应的动态网页解释引擎。

（3）动态网页解释引擎执行页面中的脚本以实现不同的功能，并把执行结果返回 Web 服务器。

（4）Web 服务器把包含执行结果的 HTML 页面发送到客户端。

目前实现动态网页的技术主要包括以下 4 种。

1. CGI 技术

CGI(Common Gateway Interface)称为通用网关接口，编写 CGI 程序可以使用不同的语言，如 Perl、Visual Basic、Delphi 或 C/C++ 等，首先要将编好的 CGI 程序存放在 Web 服务器上，然后通过 CGI 建立 Web 页面与脚本程序之间的联系，并利用脚本程序来处理客户端输入的信息并据此作出响应。但是，这样编写 CGI 程序效率较低，因为每次修改程序都必须重新将 CGI 程序编译成可执行文件。

2. ASP 技术

ASP(Active Server Pages)称为活动服务器页面。ASP 程序没有自己专门的编程语言，但是用户可以使用 VBScript、JavaScript 等脚本语言编写。而且 ASP 程序的编写很灵活，它是在普通 HTML 页面中插入 VBScript、JavaScript 脚本即可。ASP 中包含了当今许多流行的技术，如 IIS、ActiveX、VBScript、ODBC 等，其核心技术是组件和对象技术。ASP 中不仅提供了常用的内置对象和组件，如 Request、Response、Server、Application、Session 等对象，以及 Browser Capabilities(浏览器性能组件)、FileSystem Objects(文件访问组件)、ADO(数据库访问组件)、Ad Rotator(广告轮显组件)等，ASP 还可以使用第三方提供的专用组件来实现特定的功能。

3. PHP 技术

PHP 于 1994 年被 Rasmus Lerdorf 提出来,起初它只是一个小的开放源程序,后来越来越多的人意识到 PHP 的实用性从而逐渐发展起来。从 PHP 的第一个版本 PHP V1.0 开始,陆续有很多的程序员参与到 PHP 的源代码编写中来,这使得 PHP 技术有了飞速的发展。PHP 在原始发行版上经过无数的改进和完善现在已经发展到 PHP 4.0.3 版本。PHP 程序的运行对于客户端没有什么特殊要求,它可以直接运行于 UNIX、Linux 或者 Windows 平台上。PHP 是一种嵌入在 HTML 中并由服务器解释的脚本语言。它可以用于管理动态内容、支持数据库、处理会话跟踪,甚至构建整个电子商务站点。PHP、MySQL 数据库和 Apache Web 服务器是一个较好的组合。

4. JSP 技术

JSP(Java Server Pages,Java 服务器页面)是以 Sun 公司为主建立的一种动态网页技术标准,其实质就是在传统的 HTML 网页文件中加入 Java 程序片段和 JSP 标记所形成的文档(后缀名是 jsp)。JSP 最明显的技术优势就是开放性、跨平台。只要安装了 JSP 服务器引擎软件,JSP 就可以运行在几乎所有的服务器系统上,如 Windows 98、Windows 2000、UNIX、Linux 等。从一个平台移植到另外一个平台,JSP 甚至不用重新编译,因为 Java 字节码都是标准的与平台无关。JSP 提供了强有力的组件包括 JavaBeans、Java Servlet 等来执行应用程序所要求的更为复杂的处理。开发人员能够共享和交换执行普通操作的组件,或者使得这些组件为更多的使用者或者客户团体所使用。基于组件的方法加速了总体开发过程,并且使得各种组织在他们现有的技能和优化结果的开发努力中得到平衡。

1.2　JSP 的特点和应用前景

JSP 是由 Sun 公司于 1999 年 6 月推出的新技术,是基于 Java Servlet 以及整个 Java 体系的 Web 开发技术。利用这一技术可以建立先进、安全和跨平台的动态网站。JSP 的主要优缺点概括如下。

1. JSP 技术的优点

(1) 适应平台的多样化,几乎所有平台,如 Windows 98、Windows 2000、UNIX、Linux 等都支持 Java,JSP+JavaBean 可以在所有平台下通行无阻。

(2) 可重用的组件技术,JSP 提供了跨平台的组件如 JavaBeans 等来执行应用程序所要求的更为复杂的处理。

(3) 先编译后运行,执行效率大为提高。

(4) 强大的数据库连接技术,JSP 可以通过 JDBC-ODBC bridge 访问诸如 Oracle、Sybase、MS SQL Server 和 MS Access 等数据库。

2. JSP 技术的缺点

(1) 运行 JSP 的环境需要设置一些环境变量,相对 ASP 而言较为复杂。

(2) JSP 的编程语言主要是 Java 面向对象的程序设计语言,对于初学者而言有一定的难度。

JSP 技术作为一种动态网页技术,必然和现有网页技术密不可分。XML 技术作为一种网页新技术以其简便性已经深入人心,XML 是一种格式化的文本,本身具有一定的数据结构,但是语法要求不多,只要满足标记的一一对应即可(不能嵌套使用)。XML 大有取代 HTML 的趋势。XML 与 JSP 技术的集成对于 JSP 的发展起着很大的推动作用。二者的结合将有着极为广阔的前景。比如网络服务器的后台采用基于 XML 存储技术设计的数据层,在中间处理层上 JSP 程序的全部功能都被封装到标签库或者 JavaBeans 中,那么开发时只需关注系统的逻辑实现,这样 JSP 程序的编写就完全体现出 XML 文档的风格,不仅层次清楚,可读性好,并且借助 IDE 的开发环境以 GUI 方式可以缩短 JSP 程序的开发周期。更重要的是中间处理层的输出结果也完全符合 XML 格式。前台主要以 XML、XSLT、XSL 等技术为核心,将中间层的输出数据按照一定的显示格式填充到特定的显示模板中(根据客户端的不同设备),然后发送到客户端设备中比如 Web 浏览器,这包括 XML 文件(起数据承载功能)、DTD 文件(起数据类型描述功能)以及 XSL 文件(起格式化数据的功能)。客户端浏览器据此可以正确解析 XML 文档,并把处理结果在屏幕上显示出来。综上所述,XML 技术与 JSP 技术的完美结合,不仅使得服务端可以通过 XML 技术整合在一起,而且客户端与服务端之间也可以通过 XML 技术整合在一起,真正实现了跨平台的梦想。这不只是对于某几种操作系统而言的,而是对于不同的上网设备而言的。届时打印机与手机、掌上电脑等设备通过 XML 技术相互通信将成为现实。另一方面,服务端又可以通过 JSP/EJB 等 J2EE 技术,构建一个高性能、支持并发性、支持事务的分布式处理系统,快速高效地对客户端的请求作出响应。这就是未来 JSP 技术的应用前景。

1.3　JSP 的开发工具

　　Web 服务器在遇到客户端提交的 JSP 请求时,首先执行其中的程序片段,然后将执行结果以 HTML 格式返回给客户。因此在客户端执行时我们所看到的 JSP 源程序全是普通的 HTML 语句。JSP 文件中所嵌入的 Java 程序片段可以访问数据库、重定向网页以及发送电邮等,这意味着 JSP 具备建立动态网站所需要的功能。而且所有程序操作几乎都在服务器端执行,网络上传送给客户端的仅是得到的结果。更重要的是运行 JSP 对客户端浏览器的要求降至最低,即便客户端的浏览器不支持 Plugin、ActiveX、Java Applet 甚至 Frame,JSP 也能执行,这是其他 Web 编程技术所望尘莫及的。这里将介绍 JSP 的开发工具以及 JSP 运行环境的配置。

1. JSP 的开发工具简介

　　关于 JSP 的开发工具有很多种不同的组合,比如 Apache＋Resin、JDK＋JSWDK＋Apache 等。本书采用 JDK 1.3＋Tomcat 4.0 的组合。JDK 内置包中包含的 Java 的基本类为 Java 编程提供支持。Tomcat 是 JSP 1.1 规范的官方参考实现。Tomcat 既可以单独作为小型 JSP 测试服务器,也可以集成到 Apache Web 服务器。尽管现在已经有许多厂商的服务器宣布提供这方面的支持,但是直到 2000 年早期,Tomcat 仍是唯一支持 JSP 1.1 规范的服务器。JDK 1.3 的安装文件 jdk1_3_0-win.exe 可从 http://java.sun.com/jdk/ 下载得到。Tomcat 4.0 的安装文件 jakarta-tomcat-4.0.zip 可以从 http://jakarta.apache.org/ 下载得到。本书考虑到安装 SQL Server 2000 企业版,操作系统要求安装 Windows 2000 Advanced Server。

2. JSP 运行环境的配置

下面以 Windows 2000 Advanced Server 环境为例介绍 JSP 的环境配置。

(1) 在 C 盘根目录上安装 JDK 1.3。

双击 jdk1_3_0-win.exe，进入安装界面，然后按画面提示操作，将 JDK 1.3 安装到 C:\jdk1.3。

(2) 在 D 盘根目录上安装 Tomcat 4.0。

在 D 盘根目录上创建 Tomcat 子目录，然后将 jakarta-tomcat-4.0.zip 解压缩到 D:\Tomcat。

(3) 设置 JSP 运行所需要的环境变量。

右击"我的电脑"，在弹出的快捷菜单中选择"属性"命令，出现"系统特性"对话框，选择对话框中的"高级"选项卡，然后单击"环境变量"按钮，出现"环境变量"对话框，在其中分别添加如表 1-1 所示的系统环境变量。

表 1-1　JSP 环境变量

变 量 名	变 量 值
CLASSPATH	C:\jdk1.3\jre\lib\rt.jar;.;D:\Tomcat\common\lib\servlet.jar
JAVA_HOME	C:\jdk1.3
PATH	C:\jdk1.3\bin
TOMCAT_HOME	D:\Tomcat

JSP 环境变量设置完后如图 1-1 所示。

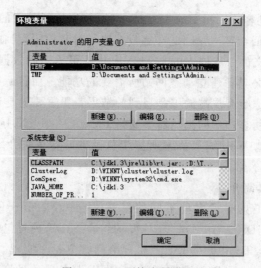

图 1-1　JSP 环境变量设置

(4) 启动 Tomcat 服务器。

(5) 在浏览器的地址栏中输入"http://localhost:8080"或"http://127.0.0.1:8080"后按 Enter 键，将出现如图 1-2 所示的 Tomcat 的欢迎界面，这标志着 JSP 环境配置成功。

下面就可以调试运行 JSP 文件了。只需将编写好的 JSP 文件保存到 Tomcat\webapps\ROOT(Tomcat 服务器 Web 服务的根目录)下，然后在浏览器地址栏中输入"http://

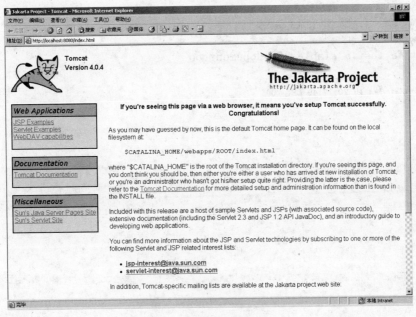

图 1-2　JSP 环境配置成功

localhost：8080/你的 JSP 文件名"即可运行 JSP。并且经 JSP 引擎编译后的 JSP 字节码文件(后缀名是 class，与 JSP 文件主名相同的文件)就存放在 D：\Tomcat\work 下。当然 Web 服务目录还有 examples、Tomcat-docs、webdav 等。如果 JSP 文件保存在这些目录下，比如 examples，那么运行 JSP 时就要输入"http：//localhost：8080/examples/你的 JSP 文件名"了。

1.4　一个简单的 JSP 程序

下面给出一个简单的 JSP 小程序 ex1-1.jsp 的源代码。

ex1-1.jsp

```
<%@page import="java.util. * "%>
<html>
<head>
<title>ex1-1.jsp</title>
</head>
<body>
<h1>We test a simple JSP document on </h1>
  <br><h2>
<%Date date=new Date(); %>
<%=date %></h2>
</body>
</html>
```

ex1-1.jsp 的运行结果如图 1-3 所示。

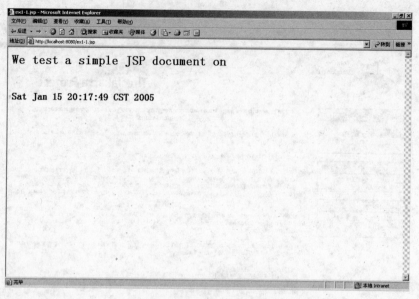

图 1-3   ex1-1.jsp 运行结果

本 章 小 结

目前实现动态网页的技术主要包括 4 种：CGI、ASP、PHP、JSP。其中 JSP 是由 Sun 公司于 1999 年 6 月推出的新技术，是基于 Java Servlet 以及整个 Java 体系的 Web 开发技术。利用这一技术可以建立先进、安全和跨平台的动态网站。JSP 主要优点包括：适应平台的多样化，可重用的组件技术，执行效率大为提高，强大的数据库连接技术，JSP 的开发工具有很多种。本章主要介绍 JDK 1.3＋Tomcat 4.0 的开发环境，搭建 JSP 运行环境需要先安装 JDK 1.3 和 Tomcat 4.0，然后设置 JSP 运行所需要的环境变量，最后启动 Tomcat 服务器，在 IE 地址栏中输入 http://localhost:8080，当出现小老虎的欢迎界面时标志着 JSP 环境配置成功。

习题及实训

1. 什么是动态网页？
2. 简述动态网页的工作过程。
3. 目前的动态网页技术主要包括哪些？
4. 简述 JSP 的特点。
5. 请在 Windows XP/2000 环境下手工搭建 JSP 的运行环境。

第 2 章　通用 HTML

本章要点

本章介绍 HTML 文档的基本结构，详细说明 HTML 文档中常用标记的作用，并通过网页实例来描述如何在 HTML 页面设计中使用这些标记。

2.1　HTML 文档的基本格式

当我们在互联网上尽情冲浪时，所接触到的是形形色色的网页，这些网页是由 HTML（HyperText Markup Language，超文件标记语言）所构成的。HTML 是一种制作网页的语言，如果我们使用记事本（或者别的文本编辑器）打开网页并查看源代码，会发现源代码都是由标签和内容组成的，这些标签就是 HTML 标签。这些标签是一系列使用〈〉括号的代码，用于描述网页的格式和内容。比如：〈B〉这段文字将在浏览器中显示为黑体字〈/B〉。

说明一个文档是 HTML 文档的重要标记是〈HTML〉〈/HTML〉，HTML 标记有单边标记和双边标记，常见的单边标记有换行〈BR〉、横线〈HR〉，常见的双边标记有：文件主题〈TITLE〉〈/TITLE〉，文头〈HEAD〉〈/HEAD〉，文体〈BODY〉〈/BODY〉，2 号标〈H2〉〈/H2〉，超级链接〈A〉〈/A〉等。

一个 HTML 文档的基本格式如下：

```
<html>                  HTML 文件开始
<head>                  文件头开始
    文件头内容
</head>                 文件头结束
<body>                  文件体开始
    文件体内容
</body>                 文件体结束
</html>                 HTML 文件结束
```

2.2　常用 HTML 标记

标记	说明
〈HTML〉〈/HTML〉	HTML 文档的开始标记和结束标记
〈HEAD〉〈/HEAD〉	HTML 文档头的开始标记和结束标记
〈TITLE〉〈/TITLE〉	文档标题的开始标记和结束标记
〈META〉	HTML 文档各种信息标记，如关键字等，可以有多个
〈BASE〉	基连接标记
〈DIV〉〈/DIV〉	块区域标记
〈SPAN〉〈/SPAN〉	块区域标记，类似 DIV 标记
〈BR〉	换行标记，相当于 Enter 键

〈HR〉	水平线标记
〈P〉〈/P〉	段落标记
〈PRE〉〈/PRE〉	预排版标记,其中的内容将以所设置的格式显示
〈FONT〉〈/FONT〉	设置 HTML 文本的标记,可以设置字体、大小、颜色等属性
〈B〉〈/B〉	粗体标记
〈I〉〈/I〉	斜体标记
〈U〉〈/U〉	文本下划线标记
〈UL〉〈/UL〉	无序列表标记
〈OL〉〈/OL〉	有序列表标记
〈DL〉〈/DL〉	说明式清单标记
〈LI〉〈/LI〉	列表项标记
〈TABLE〉〈/TABLE〉	定义表格标记
〈CAPTION〉〈/CAPTION〉	定义表格标题标记,位于表格的上方
〈TR〉〈/TR〉	表格行标记
〈TH〉〈/TH〉	表头标记,占表格的一行,相当于标题行
〈TD〉〈/TD〉	单元格标记
〈FRAMESET〉〈/FRAMESET	框架系标记,可包含一个或多个〈FRAME〉标记来定义框架系
〈FRAME〉〈/FRAME〉	框架标记符
〈FORM〉〈/FORM〉	表单标记
〈INPUT〉	输入型表单标记,如文本框、密码框、按钮等
〈BUTTON〉〈/BUTTON	按钮标记,其类型可以是提交、重置或普通按钮
〈SELECT〉〈/SELECT〉	选项菜单标记
〈OPTION〉〈/OPTION〉	选项菜单的选项,包含在 SELECT 元素内
〈TEXTAREA〉〈/TEXTAREA〉	多行文本区域标记
〈A〉〈/A〉	超链接标记
〈CENTER〉〈/CENTER〉	水平居中标记
〈SCRIPT〉〈/SCRIPT〉	内嵌客户端脚本程序(如 JAVAScript 等)标记,可以位于文档的任何位置
〈STYLE〉〈/STYLE〉	内嵌样式表标记,该标记位于 HTML 文档的 HEAD 标记之间,允许有多个

2.3　HTML 实例演示

下面给出一个简单的 ex2-1. html 文档的源代码。

ex2-1. html

```
<HTML><HEAD><TITLE>西服销售行情</TITLE></HEAD>
<BODY BGCOLOR="#0000ff"><CENTER>
<B><FONT FACE="隶书" SIZE=6 COLOR="#ffff00">西服销售行情</B></FONT><BR>
```

```
<TABLE BORDER CELLSPACING=2 BORDERCOLOR="#ff0000" CELLPADDING=7 WIDTH=568>
<TR><TD WIDTH="25%" VALIGN="TOP" BGCOLOR="#ffff00">
<B><FONT FACE="宋体"  SIZE=3 COLOR="#000080">品牌</B></FONT></TD>
<TD WIDTH="25%" VALIGN="TOP" BGCOLOR="#ffff00">
<B><FONT FACE="宋体"  SIZE=3 COLOR="#000080">产地</B></FONT></TD>
<TD WIDTH="25%" VALIGN="TOP" BGCOLOR="#ffff00">
<B><FONT FACE="宋体"  SIZE=3 COLOR="#000080">单价</B></FONT></TD>
<TD WIDTH="25%" VALIGN="TOP" BGCOLOR="#ffff00">
<B><FONT FACE="宋体"  SIZE=3 COLOR="#000080">折扣</B></FONT></TD>
</TR>
<TR><TD VALIGN="TOP" COLSPAN=4 BGCOLOR="#ffff00">
<B><I><FONT FACE="隶书" SIZE=4 COLOR="#ff0000">
2003年春秋季节市场流行品牌</B></I></FONT></TD></TR>
<TR><TD WIDTH="25%" VALIGN="TOP" BGCOLOR="#ffff00">
<FONT FACE="宋体"  SIZE=3 COLOR="#000080">罗蒙</FONT></TD>
<TD WIDTH="25%" VALIGN="TOP" BGCOLOR="#ffff00">
<FONT FACE="宋体"  SIZE=3 COLOR="#000080">南京</FONT></TD>
<TD WIDTH="25%" VALIGN="TOP" BGCOLOR="#ffff00">
<FONT SIZE=3 COLOR="#000080">5000</FONT></TD>
<TD WIDTH="25%" VALIGN="TOP" BGCOLOR="#ffff00">
<FONT SIZE=3 COLOR="#000080">9</FONT></TD></TR>
<TR><TD WIDTH="25%" VALIGN="TOP" BGCOLOR="#ffff00">
<FONT FACE="宋体"  SIZE=3 COLOR="#000080">杉杉</FONT></TD>
<TD WIDTH="25%" VALIGN="TOP" BGCOLOR="#ffff00">
<FONT FACE="宋体"  SIZE=3 COLOR="#000080">上海</FONT></TD>
<TD WIDTH="25%" VALIGN="TOP" BGCOLOR="#ffff00">
<FONT SIZE=3 COLOR="#000080">6000</FONT></TD>
<TD WIDTH="25%" VALIGN="TOP" BGCOLOR="#ffff00">
<FONT SIZE=3 COLOR="#000080">9</FONT></TD></TR>   <TR><TD VALIGN="TOP"
COLSPAN=4 BGCOLOR="#ffff00">
<B><I><FONT FACE="隶书" SIZE=4 COLOR="#ff0000">2003年秋冬季节市场流行品牌
</B></I></FONT></TD></TR>
<TR><TD WIDTH="25%" VALIGN="TOP" BGCOLOR="#ffff00">
<FONT FACE="宋体"  SIZE=3 COLOR="#000080">仕奇</FONT></TD>
<TD WIDTH="25%" VALIGN="TOP" BGCOLOR="#ffff00">
<FONT FACE="宋体" SIZE=3 COLOR="#000080">厦门</FONT></TD>
<TD WIDTH="25%" VALIGN="TOP" BGCOLOR="#ffff00">
<FONT SIZE=3 COLOR="#000080">6000</FONT></TD>
<TD WIDTH="25%" VALIGN="TOP" BGCOLOR="#ffff00">
<FONT SIZE=3 COLOR="#000080">9</FONT></TD></TR>
<TR><TD WIDTH="25%" VALIGN="TOP" BGCOLOR="#ffff00">
<FONT FACE="宋体" SIZE=3 COLOR="#000080">长城</FONT></TD>
<TD WIDTH="25%" VALIGN="TOP" BGCOLOR="#ffff00">
<FONT FACE="宋体" SIZE=3 COLOR="#000080">北京</FONT></TD>
<TD WIDTH="25%" VALIGN="TOP" BGCOLOR="#ffff00">
<FONT SIZE=3 COLOR="#000080">8000</FONT></TD>
```

```
<TD WIDTH="25%" VALIGN="TOP" BGCOLOR="#ffff00">
<FONT SIZE=3 COLOR="#000080">8</FONT></TD></TR>
</TABLE></BODY>
</HTML>
```

用 IE 浏览器打开 ex2-1. html,其效果如图 2-1 所示。

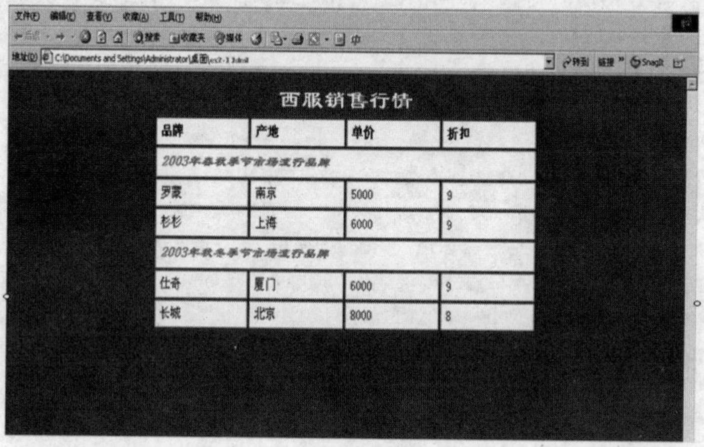

图 2-1　ex2-1. html 运行结果

本 章 小 结

　　HTML 又称为超级文本标记语言,实际上就是一种制作网页的语言,通过记事本(或者别的文本编辑器)查看网页源代码,不难发现源代码都是由标记和内容组成的,这些标记就是 HTML 标记。其实就是使用〈〉括号的代码,用于描述网页的格式和内容,它们又可以分为单边标记和双边标记。网页文档的基本结构如下:

```
<html>
    <head>
            文件头内容
    </head>
    <body>
            文件体内容
    </body>
</html>
```

习题及实训

1. 什么是网页? 通过浏览互联网上的一些网站,谈谈对网页的认识。
2. 请写出 HTML 文档的基本格式。
3. 常见的 HTML 标记包括哪些?
4. 请制作一个简单的个人主页。

第3章 Java 语言基础

本章要点

本章介绍 Java 语言编程技术,主要内容包括 Java 语言简介、Java 语言的基本语法、Java 语言的类与对象。

3.1 Java 语言简介

3.1.1 Java 的由来

自计算机问世以来,计算机技术的发展可谓日新月异。尤其是进入 21 世纪以后互联网技术异军突起,使得基于网络的应用更加普遍。Java 出现之前,Internet 上的信息只是一些简单的 HTML 文档,节点之间仅可以传送一些文本和图片,交互性能较差。同时,Internet 的发展又使得 Internet 的安全问题显得极为突出。这些都是传统的编程语言所无法实现的。

Java 语言起初是 Sun 公司开发的一种与平台无关的软件技术,是为一些消费性电子产品而设计的一个通用环境。后来 Sun 将这种技术应用于 Web 上并于 1994 年开发出了 Hot Java(Java 的第一个版本)。1995 年 Sun 公司正式推出了 Java 语言。

3.1.2 Java 的特点

Java 语言的出现实现了页面的互动,而且 Java 语言以其平台无关性、强安全性、语言简洁、面向对象以及适用于网络,已成为 Internet 网络编程语言事实上的标准。

1. 平台无关性

Java 语言引进虚拟机原理,并运行于虚拟机,用 Java 编写的程序能够运行于不同平台。

2. 简单性

Java 语言去掉了 C++ 语言的许多功能,又增加了一些很有用的功能,使得 Java 语言的功能更加精准。

3. 面向对象

Java 语言类似于 C++ 语言,继承了 C++ 的面象对象技术,是一种完全面向对象的语言。

4. 安全性

Java 语言抛弃了 C++ 的指针运算,程序运行时,内存由操作系统分配,从而避免病毒通过指针侵入系统,同时,Java 语言对程序提供了安全管理器,防止程序的非法访问。

5. 分布性

Java 建立在扩展 TCP/IP 网络平台上。库函数提供了用 HTTP 和 FTP 协议传送和接收信息的方法。这使得程序员使用网络上的文件和使用本机文件一样容易。

6. 动态性

Java 语言适应于动态变化的环境。Java 程序需要的类能动态地被载入到运行环境,也可以通过网络来载入所需要的类,这也有利于软件的升级。另外,Java 中的类有一个运行时刻的表示,能进行运行时刻的类型检查。

7. 健壮性

Java 的强类型机制、异常处理、废料的自动收集等是 Java 程序健壮性的重要保证。对指针的丢弃是 Java 的明智选择。Java 致力于检查程序在编译和运行时的错误。类型检查帮助检查出许多开发早期出现的错误。Java 自己操纵内存减少了内存出错的可能性。Java 的安全检查机制使得 Java 更具健壮性。

8. 多线程性

Java 环境本身就是多线程的。若干个系统线程运行负责必要的无用单元回收、系统维护等系统级操作,另外,Java 语言内置多线程控制,可以大大简化多线程应用程序开发。Java 提供了一个类 Thread,由它负责启动运行,终止线程,并可检查线程状态。

9. 可移植性

Java 主要靠 Java 虚拟机(JVM)在目标码级实现平台无关性。用 Java 写的应用程序不用修改就可在不同的软硬件平台上运行。

3.1.3 Java 语言程序简介

Java 语言程序实际上有两种:一种是 Java 应用程序(Application),它是一种独立的程序,不需要任何 Web 浏览器来执行,可运行于任何具备 Java 运行环境的计算机中;另一种是 Java 小应用程序(Applet),它是运行于 Web 浏览器中的一个程序,它通常由浏览器下载到客户端,并通过浏览器运行。Applet 通常较小,下载时间较短,它通常嵌入到 HTML 页面中。

1. 应用程序

Java 应用程序是在本地机上运行的程序,它含有一个 main()方法,并以该方法作为程序的入口,可以通过解释器(java.exe)直接独立运行,文件名必须与 main()所在类的类名相同。

下面给出一个简单的 Java 程序 FirstJavaPrg.java 的源代码。

FirstJavaPrg. java

```
class  FirstJavaPrg
{
   public  static  void  main(String args[] )
{
   System.out.print("This  is  a  Java  Example!");
}
}
```

在 DOS 命令提示符下输入 javac FirstJavaPrg.java,将编译 FirstJavaPrg.java 程序,如果成功将生成 FirstJavaPrg.class 字节码文件。然后输入 java FirstJavaPrg 运行该程序,结果显示如图 3-1 所示。

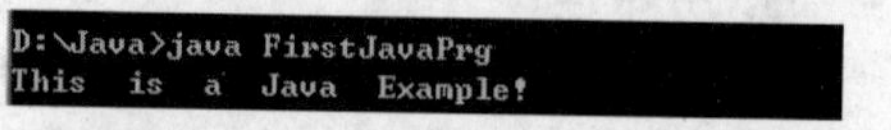

```
D:\Java>java FirstJavaPrg
This  is  a  Java  Example!
```

图 3-1 FirstJavaPrg.java 运行结果

2. 一个小应用程序

下面给出一个简单的 Applet 小程序 SecondJavaPrg. java 源代码。

SecondJavaPrg. java

```
import java.awt.*;
import  java.applet.*;
public  class  SecondJavaPrg  extends  Applet
{
public  void  paint(Graphics  g)
    {
    g.drawString("This is Second  Java  Example!",100,20);
    }
}
```

在 DOS 命令提示符下输入 javac SecondJavaPrg. java，将编译该程序，如果成功将生成 SecondJavaPrg . class 字节码文件。然后建立一个与类名 SecondJavaPrg 相同但扩展名为 html 的文件 SecondJavaPrg. html，内容如下：

```
<HTML>
<HEAD>
<TITLE>SecondJavaPrg.html</TITLE>
<BODY>
<applet  code="SecondJavaPrg.class"  width=200  height=100 >
</applet>
</BODY>
</HTML>
```

在 DOS 方式下输入 appletviewer SecondJavaPrg. html 后按 Enter 键，将执行上述 Applet 程序，结果如图 3-2 所示。

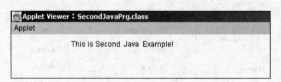

图 3-2　SecondJavaPrg. html 运行结果

3.2　Java 的基本语法

3.2.1　Java 语言的标识符与关键字

1. 标识符

与其他高级语言类似，Java 语言中的标识符可以定义变量、类或方法等。Java 语言中规定标识符是以字母（大小写均可）、下划线（_）或美元符号（ $ ）开始的，其后也可跟数字、字母、下划线或美元符号组成的字符序列。

注意：

（1）标识符区分大小写，例如 a 和 A 是两个不同的变量名，没有长度限制，可以为标识符取任意长度的名字。

（2）标识符不能是关键字，但是它可以包含关键字作为它的名字的一部分。例如，thisone 是一个有效标识符，但 this 却不是，因为 this 是一个 Java 关键字。

下面是合法的标识符：

score   stu_no   sum $123   total1_2_3

下面是非法的标识符：

stu. name   2sum   class

Java 语言采用的是 Unicode 编码字符集（即统一编码字符集），在这种字符集中，每个字符用 2 个字节即 16 位来表示，包含 65 535 个字符。其中前 256 个字符表示 ASCII 码，使其对 ASCII 码具有兼容性，后面 26 000 个字符用来表示汉字、日文片假名、平假名和朝鲜文等。但 Unicode 编码字符集只用于 Java 平台内部，当涉及打印、屏幕显示、键盘输入等外部操作时，仍由具体计算机操作系统决定表示方法。

2. 关键字

在 Java 语言中，有些标识符已经具有固定的含义和专门用途，不能在程序中当作一般的标识符来随意使用，这样的标识符称为关键字。Java 语言中的保留字均用小写字母表示。表 3-1 给出了 Java 语言中的关键字。

表 3-1　Java 语言中的关键字

abstract	boolean	break	byte	case
catch	class	char	continue	default
do	double	else	extends	false
final	finally	float	for	if
implements	import	inner	instanceof	int
interface	long	native	new	null
package	private	protected	public	rest
return	short	static	super	switch
synchornized	this	throw	throws	transient
true	try	void	volatile	while

注意：

（1）true、false 和 null 必须为小写。

（2）无 sizeof 运算符，因为 Java 语言的平台无关性，所有数据类型的长度和表示是固定的。

（3）goto 和 const 不是 Java 语言的关键字。

3.2.2　Java 语言的基本数据类型

Java 语言数据类型有简单数据类型和复合数据类型两大类。简单数据类型包括整数类型（byte、short、int、long）、浮点类型（float、double）、字符类型 char、布尔类型（boolean）；复合数据类型包括类（class）、接口（interface）、数组。

1. 整数类型

在 Java 语言中有 4 种整数类型，分别使用关键字 byte、short、int 和 long 来进行声明（见表 3-2）。整数类型的数字有十进制、八进制和十六进制三种表示形式，首位为"0"表示八进制的数值，首位为"0x"表示十六进制的数值。例如：12 表示十进制数 12；012 是八进制整数，表示十进制数 10；0x12 是十六进制整数，表示十进制数 18。

表 3-2　Java 语言的整数类型

数据类型	所占位数	数的范围	数据类型	所占位数	数的范围
byte	8	$-2^7 \sim 2^7-1$	int	32	$-2^{31} \sim 2^{31}-1$
short	16	$-2^{15} \sim 2^{15}-1$	long	64	$-2^{63} \sim 2^{63}-1$

2. 浮点类型

Java 语言有两种浮点类型：float（单精度）和 double（双精度），如表 3-3 所示。如果一个数字后带有字母 F 或 f 为 float 类型，带有字母 D 或 d，则该数为 double 类型，如果不明确指明浮点数的类型，默认为 double 类型。例如：2.5876（double 型浮点数）、1.5E12（double 型浮点数）、3.14f（float 型浮点数）。

表 3-3　Java 语言的浮点类型

数据类型	所占位数	数 的 范 围
float	32	$3.4e-38 \sim 3.4e+38$
double	64	$1.7e-308 \sim 1.7e+308$

3. 字符类型 char

使用 char 类型可表示单个字符，字符型数据代表 16 位的 Unicode 字符，字符常量是用单引号括起来的一个字符，如'c'、'F'等。与 C、C++ 相同，Java 也提供转义字符（见表 3-4），以反斜杠（\）开头，将其后的字符转变为另外的含义。

表 3-4　Java 语言的转义字符

转义字符	含　义
\b	退格
\t	Tab 制表
\n	换行
\r	硬换行
\"	双引号
\'	单引号
\\	反斜杠
\ddd	1～3 位八进制数据所表示的字符
\uxxxx	1～4 位十六进制数据所表示的 Unicode 字符

4. 布尔类型 boolean

布尔类型只有两个值：false 和 true。

注意：在 Java 语言中不允许将数字值转换成逻辑值，这一点与 C 语言不同。

5. 常量

Java 语言中的常量是用关键字 final 来定义的。其定义格式为：

```
final Type varName=value [, varName [=value] …];
```

例如：

```
final int StuNum=50,Cnum=6;
```

6. 变量

变量是 Java 程序中的基本存储单元，它的定义包括变量名、变量类型和作用域几个部分。其定义格式为：

```
Type varName [=value][{, varName [=value]}];
```

例如：

```
int n=3, n1=4;
char c='a';
```

3.2.3 Java 语言的运算符与表达式

1. 运算符

在程序设计中，经常要进行各种运算，而运算符正是用来表示某一种运算的符号。按照运算符功能来分，Java 语言所提供的运算符可分为算术运算符、赋值运算符、关系运算符、逻辑运算符、位运算符和条件运算符等。

1) 算术运算符

Java 语言的算术运算符如表 3-5 所示。

表 3-5　Java 语言的算术运算符

运算符	功　　能	运算符	功　　能
＋(一元)	取正值	/	除法
－(一元)	取负值	％	求模运算(即求余数)
＋	加法	＋＋	加 1
－	减法	－－	减 1
*	乘法		

注意：自增运算符出现在操作数左边和右边是不同的。i＋＋,i－－先使用变量的值，然后再递增或递减，＋＋i,－－i 先递增或递减然后再使用变量的值。

Java 语言中，运算符"＋"除完成普通的加法运算外，还能够进行字符串的连接。如"ab"＋"cd"，结果为"abcd"。

与 C、C++ 不同的是取模运算(％)其操作数可以是浮点数，例如：13.4％4＝1.4.3。

2) 赋值运算符

赋值运算符就是用来为变量赋值的。最基本的赋值运算符就是等号"＝"，其格式为：

变量名=值

例如：

```
int a=1;
```

在 Java 语言中，还提供了一种叫做赋值运算符的运算符，如表 3-6 所示。

表 3-6 Java 语言的赋值运算符

运算符	实例	说明
+=	X+=2	等价于 X=X+2
-=	X-=2	等价于 X=X-2
*=	X*=2	等价于 X=X*2
/=	X/=2	等价于 X=X/2
%=	X%=2	等价于 X=X%2

3）关系运算符

在使用 Java 语言进行程序设计时，也常常需要对两个对象进行比较，关系运算符用来比较两个值。关系运算符都是二元运算，关系运算的结果返回布尔类型的值 true 或 false（注意不是 C 或 C++ 中的 1 或 0）。关系运算符常与布尔逻辑运算符一起使用，作为流控制语句的判断条件。

Java 语言提供了 6 种关系运算符：>、>=、<、<=、==、!=。Java 语言中，任何数据类型的数据（包括基本类型和组合类型）都可以通过==或!=来比较是否相等（这与 C 或 C++ 不同）。

4）逻辑运算符

逻辑运算符（见表 3-7）又称为布尔运算符，是用来处理一些逻辑关系的运算符，它经常应用于流程控制。Java 语言中逻辑运算符包括：与运算符"&&"、或运算符"‖"、非运算符"!"。&&、‖为二元运算符，实现逻辑与、逻辑或；!为一元运算符，实现逻辑非。

表 3-7 Java 语言的逻辑运算符

op1	op2	op1&&op2	op1‖op2	!op1
false	false	false	false	true
false	true	false	true	true
true	false	false	true	false
true	true	true	true	false

对于布尔逻辑运算，先求出运算符左边的表达式的值。对或运算如果为 true，则整个表达式的结果为 true，不必对运算符右边的表达式再进行运算；同样，对与运算，如果左边表达式的值为 false，则不必对右边的表达式求值，整个表达式的结果为 false。

5）位运算符

位运算符是用来对二进制位进行操作的。Java 中提供的位运算符有：&（按位与），|（按位或），^（按位异或），~（按位取反），>>（向右移位），<<（向左移位），>>>（向右移位，用零来填充高位）。位运算符中，除~以外，其余均为二元运算符，操作数只能为整型

和字符型数据。

Java 使用补码来表示二进制数,在补码表示中,最高位为符号位,正数的符号位为 0,负数的符号位为 1。补码的规定如下:

对正数来说,最高位为 0,其余各位代表数值本身(以二进制表示),如 +42 的补码为 00101010。

对负数而言,把该数绝对值的补码按位取反,然后对整个数加 1,即得该数的补码。如 -42 的补码为 11010110(即 +42 的补码 00101010 按位取反 11010101,加 1 即为 11010110)。

用补码来表示数,0 的补码是唯一的,都为 00000000。

(1) 按位与运算(&):参与运算的两个值,如果两个相应位都为 1,则该位的结果为 1,否则为 0。

(2) 按位或运算(|):参与运算的两个值,如果两个相应位都是 0,则该位的结果为 0,否则为 1。

(3) 按位异或运算(^):参与运算的两个值,如果两个相应位的某一个是 1,另一个是 0,那么按位异或(^)在该位的结果为 1。也就是说如果两个相应位相同,输出为 0。

(4) 按位取反运算(~):按位取反生成与输入位相反的值,即若输入 0,则输出 1;若输入 1,则输出 0。

(5) 右移位运算符>>:执行一个右移位(带符号),左边按符号位补 0 或 1。例如:

```
int a=16,b;
b=a>>2;              //b=4
```

(6) 运算符>>>:同样是执行一个右移位,只是它执行的是不带符号的移位。也就是说对以补码表示的二进制数操作时,在带符号的右移中,右移后左边留下的空位中添入的是原数的符号位(正数为 0,负数为 1);在不带符号的右移中,右移后左边留下的空位中添入的一律是 0。

(7) 左移位运算符(<<):运算符<<执行一个左移位。作左移位运算时,右边的空位补 0。在不产生溢出的情况下,数据左移 1 位相当于乘以 2。例如:

```
int a=64,b;
b=a<<1;              //b=128
```

6) 条件运算符

在 Java 语言中,条件运算符(?:)使用的形式是:

表达式 1 ?表达式 2 : 表达式 3;

其运算规则与 C 语言中的完全一致:先计算表达式 1 的值,若为真,则整个表达式的结果是表达式 2 的值;否则,整个表达式的结果取表达式 3 的值。

7) 其他运算符

(1) 分量运算符·:用于访问对象实例或者类的类成员函数。

(2) 下标运算符[ ]:是数组运算符。

(3) 对象运算符 instanceof:用来判断一个对象是否是某一个类或者其子类的实例。

如果对象是该类或者其子类的实例,返回 ture;否则返回 flase。

(4) 内存分配运算符 new:用于创建一个新的对象或者新的数组。

(5) 强制类型转换运算符"(类型)":

强制类型转换的格式是:

(数据类型)变量名

经过强制类型转换,将得到一个在"()"中声明的数据类型的数据,该数据是从指定变量所包含的数据转换而来的。值得注意的是,指定变量本身不会发生任何变化。将占用位数较长的数据转化成占用位数较短的数据时,可能会造成数据超出较短数据类型的取值范围,造成"溢出"。如:

```
long i=10000000000;
int j=(int)i;
```

因为转换的结果已经超出了 int 型数据所能表示的最大整数(4 294 967 295),造成溢出,产生了错误。

(6) 方法调用运算符():表示方法或函数的调用。

表 3-8 给出了 Java 中各种运算符的优先级。

表 3-8　Java 语言的运算符优先级

优 先 次 序	运　算　符
1	.　[]　()(方法调用)
2	!　~　++　－－　+(一元)　－(一元)　instanceof
3	(类型)　new
4	*　/　%
5	+　－
6	<<　>>　>>>
7	<　<=　>=　>
8	==　!=
9	&
10	^
11		
12	&&
13	‖
14	?:
15	=　+=　－=　*=　/=　&=　|=　^=　<<=　>>=

2. 表达式

1) 表达式

表达式是由操作数和运算符按一定的语法形式组成的符号序列。一个常量或一个变量名字是最简单的表达式,其值即该常量或变量的值;表达式的值还可以用作其他运算的操作数,形成更复杂的表达式。例如:y=－－x;。

表达式的计算方法可以归纳成以下两点:

（1）有括号先算括号内的，有乘除先算乘除，最后算加减。

（2）存在多个加减，或多个乘除，则从左到右进行。

2）数值类型的互相转换

当不同数据类型的数据参加运算的时候，会涉及不同的数据类型的转换问题。Java程序里，类型转换有两种：自动类型转换（或称隐含类型转换）和强制类型转换。

在实际中常会将一种类型的值赋给另外一种变量类型，如果这两种类型是兼容的，Java将执行自动类型转换。Java语言赋值运算的自动类型转换规则如下：

```
byte→short→int→long→float→double
```

或

```
byte→char→int→long→float→double
```

以上规则表明 byte 可以转换成 char、short、int、long、float 和 double 类型。short 可以转换成 int、long、float 和 double 类型。

不是所有的数据类型都允许隐含自动转换。例如，下面的语句把 long 型数据赋值给 int 型数据，在编译时就会发生错误：

```
long a=100;
int b=a;
```

这是因为当把占用位数较长的数据转化成占用位数较短的数据时，会出现信息丢失的情况，因而不能够自动转换。这时就需要利用强制类型转换，执行非兼容类型之间的类型转换。上面的语句写成下面的形式就不会发生错误：

```
long a=100;
int b=(int)a;
```

3.2.4 Java 语言的基本控制语句

与 C、C++ 相同，Java 程序是通过控制语句来执行程序的。语句可以是单一的一条语句（如 c=a+b;），也可以是复合语句。

Java 中的流控制语句包括：

- 分支语句：if-else、break、switch、return。
- 循环语句：while、do-while、for、continue。
- 例外处理语句：try-catch-finally、throw。
- 注释语句。

1. 分支语句

分支语句是在多条执行路径中选择一条执行的控制结构。

1）条件语句 if-else

if-else 语句根据判定条件的真假来执行两种操作中的一种，格式为：

```
if(条件表达式)
{语句序列 1;}
```

```
[else
{语句序列 2;}]
```

注意：条件表达式是任意一个返回布尔型数据的表达式(这比 C、C++ 的限制要严格)。

(1) 每个单一的语句后都必须有分号。

(2) 语句序列 1 和语句序列 2 可以为复合语句,这时要用大括号{}括起。{}外面不加分号。

(3) else 子句是任选的。

(4) 若条件表达式的值为 true,则程序执行语句序列 1,否则执行语句序列 2。

(5) else 子句不能单独作为语句使用,它必须和 if 配对使用。else 总是与离它最近的 if 配对。可以通过使用大括号{}来改变配对关系。

例如:

```
if(x>0)     y=1;
else        y=-1;
```

if-else 语句的一种特殊形式为:

```
if(条件表达式 1){
语句序列 1
}else if(条件表达式 2){
语句序列 2
}
...
}else if(条件表达式 M){
语句序列 M
}else{
语句序列 N
}
```

例如:

```
if(x<0)     y=-1;
else
    if(x>0) y=1;
    else    y=0;
```

2) 多分支语句 switch

switch 语句(又称开关语句)是和 case 语句一起使用的,其功能是根据某个表达式的值在多个 case 引导的多个分支语句中选择一个来执行,它的一般格式如下:

```
switch (表达式){
case 值 1: 语句序列 1;break;
case 值 2: 语句序列 2;break;
...
case 值 N: 语句序列 N;break;
[default: 语句序列 N+1;]
}
```

注意：

（1）表达式的值必须是符合 byte、char、short、int 类型的常量表达式，而且所有 case 子句中的值是不同的。

（2）default 子句是任选的。当表达式的值与任一 case 子句中的值都不匹配时，程序执行 default 后面的语句。如果表达式的值与任一 case 子句中的值都不匹配且没有 default 子句，则程序不作任何操作，而是直接跳出 switch 语句。

（3）case 表达式只是起语句标号的作用，并不是在该处进行条件判断，因此应该在执行一个 case 分支后，可以用 break 语句来使流程跳出 switch 结构。在一些特殊情况下，多个不同的 case 值要执行一组相同的操作，这时可以不用 break。

（4）case 分支中包括多个执行语句时，可以不用大括号{}括起。

下面给出使用 switch 语句的例程 GradeToScore1.java，该程序能够根据考试成绩的等级打印出百分制分数段，其源代码如下。

GradeToScore1. java

```
public class GradeToScore1
{
public static void main(String args[])
    {
char grade='B';
switch(grade)
    {
case 'A':System.out.println("85-100");break;
case 'B':System.out.println("70-84");break;
case 'C':System.out.println("60-69");break;
case 'D':System.out.println("<60"); break;
default:System.out.println("error");
    }
  }
}
```

运行结果如图 3-3 所示。

图 3-3　GradeToScore1.java 运行结果

上述程序如果写成如下形式：

```
public class GradeToScore2
{
public static void main(String args[])
    {
char grade='B';
```

```
switch(grade)
    {
case 'A':System.out.println("85-100");
case 'B':System.out.println("70-84");
case 'C':System.out.println("60-69");
case 'D':System.out.println("<60");
default:System.out.println("error");
    }
  }
}
```

运行结果如图 3-4 所示。

图 3-4　改写后的 GradeToScore1.java 运行结果

2. 循环语句

在程序中经常需要在一定的条件下反复执行某段程序,这时可以通过循环结构来控制实现。Java 语言中有三种循环控制语句,分别是 while、do-while 和 for 语句。

1) while 语句

while 语句的格式如下:

```
while(条件表达式)
    {
        循环体语句组;
    }
```

在循环刚开始时,先计算一次"条件表达式"的值,当结果为真时,便执行循环体,否则,将不执行循环体,直接跳转到循环体外执行后续语句。每执行完一次循环体,都会重新计算一次条件表达式,当结果为真时,便继续执行循环体,直到结果为假时结束循环。下面给出用 while 语句实现 1～100 累计求和的例程 Sum1.java 的源代码。

Sum1.java

```
public class Sum1{
public static void main(String args[]){
int n=1,sum=0;
while(n<101){
sum+=n++;
}
System.out.println("\nThe sum is"+sum);
}
}
```

运行结果如图 3-5 所示。

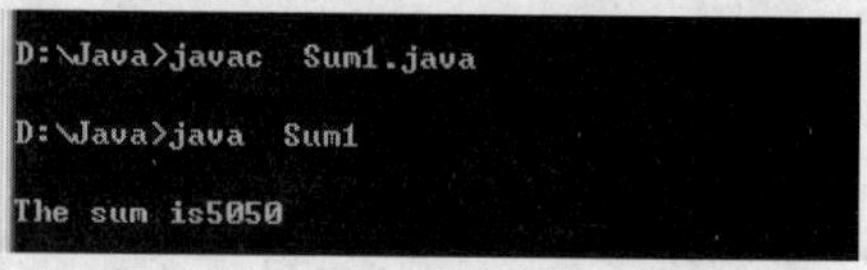

2）do-while 语句

do-while 语句的格式如下：

```
do
  {
      循环体语句组；
  }while(条件表达式);
```

图 3-5　Sum1.java 运行结果

do-while 循环与 while 循环的不同在于：它先执行循环中的语句，然后再判断结果是否为真，如果为真，则继续循环；如果为假，则终止循环。因此，do-while 循环至少要执行一次循环语句。下面给出用 do-while 语句实现 1～100 累计求和的例程 Sum2.java 的源代码。

Sum2.java

```
public class Sum2
{
public static void main(String args[])
  {
int n=1,sum=0;
do{
    sum+=n++;
    }while(n<101);
  System.out.println("\nThe  sum  is"+sum);
  }
}
```

3）for 语句

for 语句的格式如下：

```
for(表达式 1;表达式 2;表达式 3)
  {
      循环体语句组；
  }
```

表达式 1 一般是一个赋值语句，用来给循环控制变量赋初值；表达式 2 是一个布尔类型的表达式，用来决定什么时候终止循环；表达式 3 一般用来修改循环变量，控制变量每循环一次后如何变化。这三个部分之间用“；”分开。

for 语句的执行过程如下：

（1）在循环刚开始时，先计算表达式 1。

（2）根据表达式 2 的值来决定是否执行循环体。表达式 2 是一个返回布尔值的表达式，若该值为假，将不执行循环体，并退出循环；若该值为真，将执行循环体。

（3）执行完一次循环体后，计算表达式 3。

（4）转入第（2）步继续执行。

for 语句通常用来执行循环次数确定的情况（如对数组元素进行操作），也可以根据循环结束条件执行循环次数不确定的情况。初始化、终止以及迭代部分都可以为空语句，但这三者之间的分号不能省。三者均为空的时候,相当于一个无限循环。for 语句是三个循环语句中功能最强、使用最广泛的一个。下面给出用 for 语句实现 1~100 累计求和的例程 Sum3.java 的源代码。

Sum3. java

```
public class Sum3
{
public static void main(String args[ ])
  {   int sum=0;
   for(int i=1;i<=100;i++)
      {
        sum+=i;
      }
   System.out.println("\n The sum is" +sum);
  }
}
```

4）跳转语句

跳转语句用来实现循环执行过程中的流程转移。在 Java 语言中有两种跳转语句: break 语句和 continue 语句。break 用于强行退出循环,不再执行循环体中剩余的语句。而 continue 语句用来结束本次循环,跳过循环体中剩余的语句,接着进行循环条件的判断,以决定是否继续循环。下面给出用 continue 语句计算 1~100 之间的奇数和的例程 oddSum. java 的源代码。

oddSum. java

```
public class OddSum
{
public static void main(String args[])
{
   int sum=0;
for(int i=1;i<100; i+=2)
   {
   if(i%2==0) continue;
   sum+=i;
    }
System.out.println("\nThe sum of odd numbers(1--100)is:"+sum);
}
}
```

运行结果如图 3-6 所示。

3. 例外处理语句

例外处理语句包括 try、catch、finally 和 throw 语句。与 C、C++ 相比,例外处理语句是 Java 所特有的。

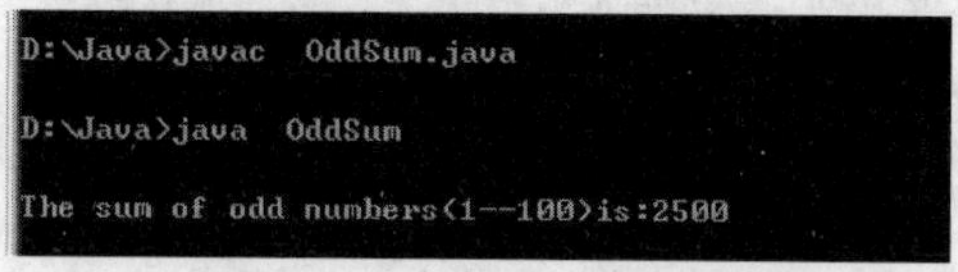

图 3-6 oddSum.java 运行结果

4. 注释语句

Java 语言中的注释语句有三种形式：

（1）//：用于单行注释，注释从 // 开始，终止于行尾。

（2）/ * … * /：用于多行注释，注释从 / * 开始，到 * /结束，且这种注释不能互相嵌套。

（3）/ * * … * /：是 Java 所特有的 doc 注释，它以/**开始，到 * /结束。这种注释主要是为支持 JDK 工具 javadoc 而采用的。

3.3　Java 语言的类与对象

Java 语言是完全面向对象的程序设计语言，Java 语言程序的基本单位是类。Java 语言中不允许有独立的变量、常量或函数，即 Java 程序中的所有元素都要通过类或对象来访问。

3.3.1　Java 语言的类

1. 类声明

Java 语言类声明的一般格式如下：

```
[修饰符] class 类名 [extends 父类] [implements 接口名]
{
    类体
}
```

其中，class 是声明类的关键字，类名与变量名的命名规则一样。修饰符是该类的访问权限，如 public、private 等。extends 项表明该类是由其父类继承而来的，implements 项用来说明当前类中实现了哪个接口定义的功能和方法。

例如：定义两个类 student 和 catclass。

```
class  student
{…
}

public class catclass extends animalclass{
…
}
```

2. 类体

每个类中通常都包含数据与函数两种类型的元素，一般把它叫做属性和成员函数（也称为方法），所以类体中包含了该类中所有成员变量的定义和该类所支持的所有方法。

```
class 类名
{   类成员变量声明
    类方法声明
}
```

1）成员变量的声明

简单的成员变量声明的格式为：

[修饰符]　变量类型　变量名 [=变量初值];

例如：

```
int   x,y;
float  f=5.0;
```

2）类方法的声明

类方法相当于 C 或 C++ 中的函数。类方法声明的格式为：

[修饰符]　返回值类型　方法名 (参数列表)
　　　{方法体}

注意：每一个类方法必须返回一个值或声明返回为空（void）。

3）构造方法

在 Java 程序设计语言中，每个类都有一个特殊的方法即构造方法。构造方法名必须与类名相同，且没有返回类型。构造方法的作用是构造并初始化对象，构造方法不能由编程人员显式地直接调用，是在创建一个类的新对象的时候，由系统来自动调用的。另外，Java 语言支持方法重载，所以类可以有多个构造方法，它们可以通过参数的数目或类型的不同来加以区分。

例如：

```
class  MyAnimals
    {
        int dog,cat;
        count()
            {
                dog=10;
                cat=20;
            }
        count(int dognumber,int catnumber)
            {
            this.dog=dognumber;
            this.cat=catnumber;
            }
    }
```

　　这里的关键字 this 用来在方法中引用创建它的对象，this. dog 应用的是当前对象的成员变量 dog。

3.3.2 Java 的对象

当创建了自己的类之后，通常需要使用它来完成某种工作。你可以通过定义类的实例——对象来实现这种需求。

1. 对象的生成

对象的生成包括声明、实例化和初始化三方面。首先必须为对象声明一个变量，其格式为：

```
类型  对象名;
```

其中，类型为复合数据类型（包括类和接口）。

例如：

```
student st1;
```

但仅有对象的声明是不够的，还要为对象分配内存空间，即实例化。创建类实例，要使用关键字运算符 new。用 new 可以为一个类实例化多个不同的对象，这些对象分别占用不同的内存空间。例如：

```
st1=new student();
```

也可表示为：

```
student st1=new student();
student st2=new student("zhang",68,72,85);
```

2. 对象的引用

1）引用对象的成员变量

其引用格式为：

```
objectReference.variable;
```

其中，objectReference 是一个已生成的对象，例如上例中生成了对象 st1，就可以用 st1.name 来访问其成员变量了。

2）调用对象的方法

其引用格式为：

```
objectReference.method();
```

下面给出一个有关对象成员变量的引用及方法调用的例程 Student.java 的源代码。

Student.java

```
class Student{
String name;
float sc1,sc2,sc3,ave;
Student(){
name="wang";
sc1=60;
```

```
sc2=82;
sc3=74;
}
Student(String str,float a,float b,float c){
name=str;
sc1=a;
sc2=b;
sc3=c;
}
float average(){
ave=(sc1+sc2+sc3)/3;
return ave;
}
public static void main(String args[]){
Student st1=new Student();
Student st2=new Student("zhang",78,89,92);
System.out.println("\nName  score1  score2  score3  average");
System.out.println(st1.name+" "+st1.sc1+" "+st1.sc2+" "+st1.sc3+" "+st1.
average());
System.out.println(st2.name+" "+st2.sc1+" "+st2.sc2+""+st2.sc3+" "+st2.
average());
}
}
```

运行结果如图 3-7 所示。

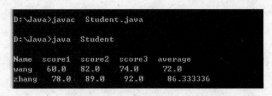

图 3-7　Student.java 运行结果

本 章 小 结

　　Java 是由 Sun 公司推出的 Java 程序设计语言和 Java 平台的总称。用 Java 实现的 HotJava 浏览器(支持 Java Applet)显示了 Java 的魅力:跨平台性、强安全性、动态的 Web、语言简洁、Internet 计算、面向对象以及适用于网络,它已成为 Internet 网络编程语言事实上的标准。本章要求重点理解 Java 语言的语法基础,掌握 Java 面向对象编程的思想,了解 Java Applet 编程技术。Java 技术的出现推动了 Web 的迅速发展,常用的浏览器现在均支持 Java Applet。

习题及实训

1. 简述 Java 面向对象的程序设计语言的特点。

2. Java 语言包含了哪些基本数据类型？各自是如何规定的？

3. Java 语言包括几种不同类型的控制语句？

4. 什么是类和对象？请说出 Java 中类和对象之间的关系。

5. 请定义一个 Java 类，包含成员变量及成员函数，请注意成员的存储类别的设计。

6. 给出如下一个 Java 源程序 MyJavaFile. java。请检查其正确性，在 JDK 环境下编译运行该程序并说出该程序实现的功能。

```
public class myJavaFile
{
    public static void main(string args[  ])
    {
        for(int i=1,i<100, i+=2)
        {
            if!(i%2＝0) continue;
            sum+=i;
        }
        System.out.println("\nThe result is :"+sum);
    }
}
```

第 4 章　JSP 语法入门

本章要点

本章重点介绍 JSP 的基本语法、JSP 的编译指令以及 JSP 的操作指令,其中 JSP 的编译指令包括 page、include、taglib;JSP 的操作指令包括 useBean、setProperty、getProperty、include、forward、param、plugin。

4.1　JSP 程序的基本语法

一个 JSP 页面的基本结构通常包含三部分:普通的 HTML 标记、JSP 标签、JSP 脚本(变量和方法的声明、Java 程序片和 Java 表达式)。下面详细介绍 JSP 的基本语法。

4.1.1　HTML 注释

在网页中加入注释可以增强文件的可读性,以后维护起来也比较容易。在 JSP 文档中嵌入 HTML 注释的格式如下:

<!--注释 [<%=表达式%>] -->

功能:产生一个注释并通过 JSP 引擎将其发送到客户端。

JSP 页面中的 HTML 注释跟其他 HTML 注释非常相似,它就是一段文本,并且在浏览器端用查看源代码功能可以看得到。JSP 页面的注释和 HTML 的注释有一个不同就是可以使用表达式。表达式的内容是动态的,页面的每次读取和刷新的内容可能是不同的。你可以使用任何页面中的脚本语言。下面给出一个使用 HTML 注释的 JSP 例程 ex4-1.jsp 的源代码。

ex4-1.jsp

```
<html>
<head>
<title>
HTML 注释
</title>
</head>
<body>
<h1>HTML 注释通过浏览器查看 JSP 源文件时可以看到</h1>
<!--  这是一个 HTML 注释 -->
</body>
</html>
```

在浏览器中查看 ex4-1.jsp 的源代码为:

```
<html>
<head>
<title>
HTML 注释
</title>
</head>
<body>
<h1>HTML 注释通过浏览器查看 JSP 源文件时可以看到</h1>
<!--  这是一个 HTML 注释 -->
</body>
</html>
```

4.1.2　隐藏注释

如果想使 JSP 网页中的注释不被用户看到,可以采用如下格式:

<%--注释 --%>

功能:写在 JSP 程序中的注释并不发给客户端。

下面给出一个使用隐藏注释的 JSP 例程 ex4-2.jsp 的源代码。

ex4-2.jsp

```
<%@ page language="java" %>
<html>
<head><title>ec4-2.jsp</title></head>
<body>
<h1>隐藏注释在浏览器中是查看不到的</h1>
<%--这是一个隐藏注释--%>
</body>
</html>
```

在浏览器中查看 ex4-2.jsp 的源代码为:

```
<html>
<head><title>ec4-2.jsp</title></head>
<body>
<h1>隐藏注释在浏览器中是查看不到的</h1>
</body>
</html>
```

注意:用隐藏注释标记的字符会在 JSP 编译时被忽略掉,因此用户可以用隐藏注释来标记不愿被别人看到的注释。它不会在源代码中显示,也不会显示在客户的浏览器中。如果要在"〈%--"和"--%〉"之间的注释语句中使用"--%〉",要用"--%\〉"。

4.1.3　声明变量和方法

变量和方法的声明在 JSP 程序中非常重要。其语法格式如下:

```
<%! declaration; [declaration;]…%>
```

1. 声明变量

只需在〈%！ ％〉标记之间放置 Java 的变量声明语句即可。而且所声明变量在整个 JSP 页面中有效。例如：

```
<%! int a,b=0; %>
<%! int a, b, c;
string s="hello";
float   f=1.0;
%>
```

下面给出例程 ex4-3.jsp 来说明变量的声明过程,其源代码如下。

ex4-3.jsp

```
<%@ page contentType="text/html;charset=GB 2312" %>
<HTML>
<BODY>
<h1>
<%! int count=0; %>
<%count++; %>
<P>您是第<%=count%>个登录客户。
</h1>
</BODY>
</HTML>
```

程序运行结果如图 4-1 所示。

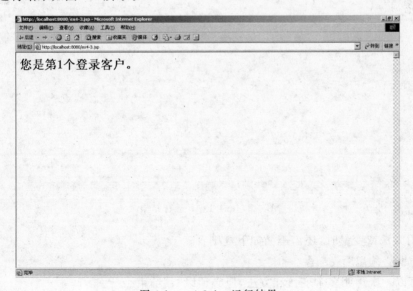

图 4-1　ex4-3.jsp 运行结果

2. 声明方法

只需在"〈％！"和"％〉"之间加入声明方法的语句即可。所声明的方法在整个 JSP 页面内都有效,但要注意在该方法内定义的变量仅在该方法内有效。下面给出例程 ex4-4.jsp 来说明方法的声明过程,其源代码如下。

ex4-4.jsp

```
<%@ page contentType="text/html;charset=GB 2312" %>
<HTML>
<BODY>
<%! int number=0;
     void countnumber()
         {   number++;   }
%>
<%countnumber();  %>
<h3>变量 number 的值现在为</h3>
<br><br>
<h1>
<%=number%>
</h1>
</BODY>
</HTML>
```

程序运行结果如图 4-2 所示。

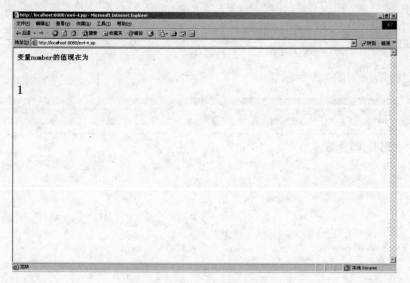

图 4-2   ex4-4.jsp 运行结果

当声明方法或变量时,还需遵循如下规则:

(1) 声明必须以";"结尾。

(2) 可以一次声明多个变量和方法,但必须以";"结束。

(3) 必须在使用变量或方法之前在 JSP 文件中声明它们。

(4) 可以直接使用在编译指令〈%@ page %〉中所包含进来的变量和方法,无需对它们重新声明。

(5) 一个声明仅在一个页面中有效。如果你想每个页面都能用到一些声明,最好把这些声明写成一个单独的文件,然后用〈%@include %〉或〈jsp:include〉包含进来。

4.1.4 表达式

JSP 表达式是一个在脚本语言中被定义的表达式,表达式结果会以字符串的形式发送到客户端显示。其语法格式如下:

<%=expression %>

下面给出一个使用表达式的 JSP 例程 ex4-5.jsp 的源代码。

ex4-5.jsp

```
<%@page import="java.io.*"%>
<html>
<head><title>表达式</title></head>
<body>
<h3>以下声明一个整型变量 a 并赋初值 66</h3>
<%! int a=66; %><br>
<h3>以下声明两个整型变量 b、c 和一个字符串变量 s,并给变量 c 赋初值 88</h3>
<%! int b,c=7;
String s="hello";
%>
<h3>输出表达式 b+c 以及字符串 s 的值</h3>
<h1>
<br>b+c=<%=b+c%>
<br>字符串 s 的值为: <%=s%>
</h1></body>
</html>
```

程序运行结果如图 4-3 所示。

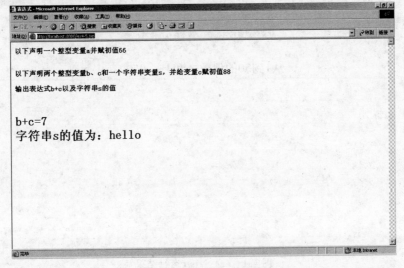

图 4-3　ex4-5.jsp 运行结果

注意：在 JSP 中引用表达式时，必须遵循如下规则：

（1）不能用一个分号"；"来作为表达式的结束符。

（2）构成表达式的元素必须符合 Java 语言的语法规则。

（3）表达式可以嵌套，这时表达式的求解顺序为从左到右。

4.1.5　Java 程序片

Java 程序片实际上就是 JSP 脚本，即在"〈％"和"％〉"标记之间所插入的代码。当客户端向服务器提交了包含 JSP 脚本的 JSP 页面请求时，Web 服务器将执行脚本并将结果发送到客户端浏览器中。下面给出一个使用 JSP 脚本的 JSP 例程 ex4-6.jsp 的源代码。

ex4-6.jsp

```
<html>
<head><title>ex4-6.jsp</title></head>
<body><center>
<h3>计算 50 以内偶数和的 JSP 脚本运行结果如下</h3>
<br><br>
<h1>
<%   int i, sum=0;
     for(i=2;i<=50;i=i+2)
     { sum=sum+i;
         }
%>
从 1 到 50 的偶数之和是：<%=sum %>
</center></body>
</html>
```

程序运行结果如图 4-4 所示。

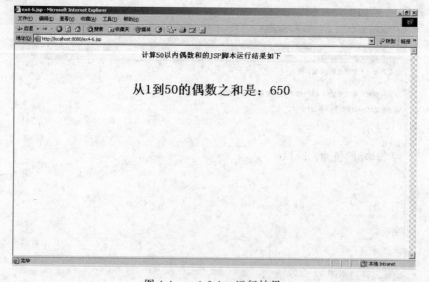

图 4-4　ex4-6.jsp 运行结果

4.2 JSP 的编译指令

JSP 的编译指令就是告诉 JSP 的引擎，如何处理其他的 JSP 网页。JSP 编译指令的语法格式如下：

`<%@指令名 属性="属性值"%>`

下面分别介绍 JSP 中的三种编译指令：page 指令、include 指令以及 taglib 指令。

4.2.1 page 编译指令

功能：定义整个 JSP 页面的属性及其属性值。
语法格式：

`<%@page 属性 1=值 属性 2=值 …%>`

该指令所包含的属性如下：

(1) language：定义 JSP 网页所使用的脚本语言的种类，其默认值是 Java。

(2) import：指定 JSP 网页中需要导入的 Java 包列表。

(3) extends：说明 JSP 编译时需要加入的 Java 类的名字。

(4) session：设置此网页是否要加入到一个 session 中（其值为布尔类型）。如果为 true，则 session 是有用的，否则，就不能使用 session 对象以及定义了 scope＝session 的〈jsp：useBean〉元素，这样的使用会导致错误，其默认值是 true。

(5) buffer：设置此网页输出时所使用缓冲区的大小。buffer 的值可以为 none，也可以是一个数值，其默认值是 8KB。

(6) autoFlush：指定当缓冲区满时是否自动输出缓冲区的数据（其值为布尔类型）。如果为 true，输出正常；否则当缓冲区满时将抛出异常。其默认值是 true。

注意：如果把 buffer 的值设置为 none，那么把 autoFlush 的值设置为 false 就是非法的。

(7) info：指明网页的说明信息，可使用 Servlet 类的 getServletInfo 方法获取此信息。

(8) isThreadSafe：设置 JSP 文件是否能多线程访问，其默认值是 true。如果为 true，JSP 能够同时处理多个用户的请求，否则 JSP 一次只能处理一个用户请求。

(9) isErrorPage：设置此网页是否是另一个 JSP 页面的错误信息的提示页面。如果为 true，就能使用 exception 对象，否则 exception 对象不可用。

(10) errorPage：设置 JSP 网页发生错误时的信息提示页面的 URL 路径。该属性的值必须是一个用"URL 路径"来描述的 JSP 页面。

(11) contentType：定义了 JSP 网页所使用的字符集及 JSP 响应的 MIME 类型。默认 MIME 类型是 text/html，默认字符集是 ISO 8859-1。

注意：page 指令作用于整个 JSP 页面和由 include 指令和〈jsp：include〉包含进来的静态文件，但不能用于动态包含文件。可以在一个页面上使用多个 page 指令，但是其中的属性只能使用一次（import 属性例外）。page 指令可以放在 JSP 文件的任何地方，它的作用范围都是 JSP 页面，但好的编程习惯一般把它放在文件的顶部。

下面给出一个使用 page 指令的 JSP 例程 ex4-7.jsp 的源代码。

ex4-7.jsp

```
<%@ page contentType="text/html;charset=GB 2312" %>
<%@ page info="这是存放在 info 中的信息" %>
<HTML>
<BODY><br><br><br><br><center>
<h1>
  <%  String s=getServletInfo();
      out.print(s);
  %>
</center>
</BODY>
</HTML>
```

程序运行结果如图 4-5 所示。

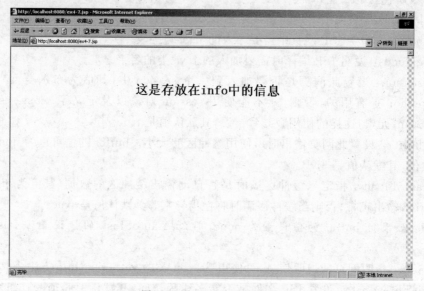

图 4-5　ex4-7.jsp 运行结果

4.2.2　include 指令

功能：指定在 JSP 文件中包含的一个静态的文件，即在 JSP 文件被编译时需要插入的文本或代码。

语法格式如下：

<%@　include file="文件名称"%>

当使用 include 指令时，包含文件是静态包含，即这个被包含的文件将被插入到 JSP 文件中去。所包含的文件可以是 JSP 文件、HTML 文件、文本文件，甚至一段 Java 代码。但是在所包含的文件中不能使用"〈html〉〈/html〉"、"〈body〉〈/body〉"标记，因为这将会影响到原有的 JSP 文件中所使用的相同标记。如果所包含的是一个 JSP 文件,则该文件将会执行。

注意:属性 file 指出了被包含文件的路径,这个路径一般指相对路径,不需要什么端口、协议和域名。

下面给出一个使用 include 指令的 JSP 例程 ex4-8.jsp 的源代码。

ex4-8.jsp

```
<%@ page contentType="text/html;charset=GB 2312" %>
<html>
<head>
<title>ex4-8.jsp</title>
</head>
<body><center><br><br><br><br>
<h1>
现在是北京时间:
<%@ include file="nowtime.jsp" %>
</h1>
</body>
</html>
```

其中 nowtime.jsp 的源代码如下:

nowtime.jsp

```
<%@ page import="java.util.*" %>
<%=(new java.util.Date()).toLocaleString()%>
```

ex4-8.jsp 程序运行结果如图 4-6 所示。

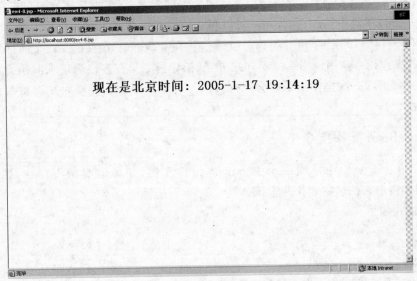

图 4-6　ex4-8.jsp 运行结果

4.2.3 taglib 指令

功能：声明 JSP 文件使用了自定义的标签，同时引用标签库，也指定了它们的标签的前缀。

语法格式如下：

```
<%@ taglib uri=" URIToTagLibrary " prefix="tagPrefix" %>
```

属性说明如下：

uri：解释为统一资源标记符，根据标签的前缀对自定义的标签进行唯一的命名。uri 可以是 URL(Uniform Resource Locator)、URN(Uniform Resource Name)或一个路径(相对或绝对)。

prefix：在自定义标签之前的前缀，比如，在〈public:moon〉中的 public，如果这里不写 public，则标签 moon 的定义是非法的。

注意：jsp、jspx、java、javax、servlet、sun 和 sunw 等保留字不允许作自定义标签的前缀。用户必须在使用自定义标签之前使用 taglib 指令，而且可以在一个页面中多次使用，但是前缀只能使用一次。

4.3　JSP 的操作指令

在介绍 JSP 的操作指令前，有必要简单说明有关 Java Bean 的概念(第 9 章会详细地讨论)。Java Bean 是 Java 程序的一种组件，其实就是 Java 类。Java Bean 规范将"组件软件"的概念引入到 Java 编程的领域。我们知道组件是自行进行内部管理的一个或几个类所组成的软件单元；对于 Java Bean 可以使用基于 IDE 的应用程序开发工具，可视地将它们编写到 Java 程序中。Java Bean 为 Java 开发人员提供了一种"组件化"其 Java 类的方法。

Java Bean 是一些 Java 类，可以使用任何的文本编辑器(记事本)，当然也可以在一个可视的 Java 程序开发工具中操作它们，并且可以将它们一起嵌入到 JSP 程序中。其实，任何具有某种特性和事件接口约定的 Java 类都可以是一个 Java Bean(为简便起见以下简称 Bean)。

JSP 的操作指令与编译指令的不同之处是，操作指令是在客户端请求时执行的，而且基本上是客户每请求一次操作指令就会执行一次。而编译指令在转换时期即被编译执行，仅被编译一次。

4.3.1 useBean 操作指令

功能：在 JSP 页面中声明一个 JavaBean 组件实例，如果该实例不存在，则创建一个 Bean 实例并指定它的名字和作用范围。

语法格式如下：

```
<jsp:useBean
id="beanInstanceName"
scope="page/request/session/application"
{
```

```
class="package.class"/
type="package.class"/
class="package.class" type="package.class"/
beanName="{package.class/<%=expression %>}" type="package.class"
}
/>
/   other elements
</jsp:useBean>
```

属性说明：

id="beanInstanceName"：在其作用域内确认 Bean 的变量名，使得后面的程序能够通过此变量名来访问不同的 Bean。注意该属性值区分大小。并且必须符合所使用的脚本语言的命名规则。如果要引用别的〈jsp:useBean〉中所创建的 Bean，那么它们的 id 值必须一致。

scope="page/request/session/application"：定义了 Bean 的作用域，其默认值是 page（详见第 9 章）。

class="package.class"：说明实例化一个 Bean 所引用的类的名字。实例化可以通过使用 new 关键字以及类构造方法实现。但要求这个类不能是抽象的，而且必须有一个公用的、没有参数的构造方法。

注意：类的名字区别大小写。

type="package.class"：如果这个 Bean 已经在指定的作用域中存在，那么 type 定义了脚本变量定义的类型。如果在没有使用 class 或 beanName 的情况下使用 type，Bean 将不会被实例化。

注意：包和类的名字区别大小写。

beanName="{package.class/〈%= expression %〉}" type="package.class"：BeanName 的属性值可以是包或类的名字，也可以是表达式，它作为参数传给 java.beans.BeansBeans 的方法 instantiate()。该方法检查参数是一个类还是一个连续模板，然后调用相应的方法来实例化一个 Bean。type 的值可以和 Bean 相同。

注意：包和类的名字要区别大小写。

下面给出通过〈jsp:useBean〉标签来定义及实例化一个 Bean 的过程：

(1) 根据 id 属性和 scope 属性的值尝试定位一个 Bean。

(2) 定义一个带有指定名字的 Bean 对象引用变量。

(3) 如果找到了指定的对象 Bean 变量，在这个变量中储存这个引用，并为 Bean 设置相应的类型。

(4) 如果没有找到指定的对象 Bean 变量，将从你指定的类中实例化一个 Bean，并将对这个 Bean 的引用储存到一个新的变量中去。若 beanName 属性值表示一个连续模板，则方法 instantiate()将被调用来实例化一个 Bean。

〈jsp:useBean〉标签的具体用法详见第 9 章。

4.3.2 setProperty 操作指令

功能：在 Bean 中设置一个或多个属性值。

语法格式如下：

```
<jsp:setProperty
    name="beanInstanceName"
    property="*"/
    property="propertyName" [param="parameterName"]/
    property="propertyName" value="string/<%=expression %>"
/>
```

属性说明：

name="beanInstanceName"：指明要引用〈jsp：useBean〉标签中所定义的 Bean 的名字。

property="*"|"propertyName"：作为 Bean 中的属性来匹配通过 request 对象所获取的用户的输入。要求 Bean 中的属性名必须和 request 对象的某个参数名一致。否则 Bean 中相应的属性值将不会被修改。若该属性值为"*"，则 Bean 中所有属性将逐一匹配 request 对象的参数。

property="propertyName" param="parameterName"：如果想使用 request 中的一个不同于 Bean 中属性名的参数来匹配 Bean 中的属性，就必须同时指定 property 和 param。其中 propertyName 表示 Bean 的属性名，parameterName 表示 request 对象中的参数名。

注意：param 的值不能为空（或未初始化），否则对应的 Bean 属性不被修改。

property="propertyName" value="string/〈%=expression %〉"：表示用指定的值来修改 Bean 的属性。这个值可以是字符串，也可以是表达式。

注意：在同一个〈jsp：setProperty〉标签中不能同时使用 param 和 value 两个属性。

通过 Request 对象所获取的客户的输入一般都是 String 类型，这些字符串为了能够匹配 Bean 中相应的属性就必须转换成属性的类型。表 4-1 列出了 Bean 中属性的常见类型以及相应的转换方法。

表 4-1　不同类型的 Bean 以及转换方法

类　型	转 换 方 法
boolean or Boolean	java. lang. Boolean. valueOf(String)
byte or Byte	java. lang. Byte. valueOf(String)
char or Character	java. lang. Character. valueOf(String)
double or Double	java. lang. Double. valueOf(String)
integer or Integer	java. lang. Integer. valueOf(String)
float or Float	java. lang. Float. valueOf(String)
long or Long	java. lang. Long. valueOf(String)

注意：在使用 jsp：setProperty 之前必须要使用〈jsp：useBean〉声明此 Bean。因为〈jsp：useBean〉和〈jsp：setProperty〉是联系在一起的，同时二者的 Bean 名也应当相匹配，即在〈jsp：setProperty〉中的 name 的值应当和〈jsp：useBean〉中 id 的值相同。

〈jsp：setProperty〉标签的具体用法详见第 9 章。

4.3.3 getProperty 操作指令

功能：获取 Bean 的属性值，在 JSP 中使用此标签可以提取 Java Bean 中的属性值，并将结果以字符串的形式显示给客户。

注意：在使用〈jsp:getProperty〉标签前，必须用〈jsp:useBean〉标签定义 Bean。

语法格式如下：

```
<jsp:getProperty name="beanInstanceName" property="propertyName"/>
```

属性说明：

name＝"beanInstanceName"：Bean 的名字，由〈jsp:useBean〉定义。

property＝"propertyName"：指定所获取的 Bean 中的属性名字。

〈jsp:getProperty〉标签的具体用法详见第 9 章。

4.3.4 include 操作指令

功能：在 JSP 文件中包含一个静态或动态文件。

语法格式如下：

```
<jsp:include   page="relativeURL/<%=expression%>"/>
```

属性说明：

page＝"relativeURL/〈%＝expression %〉"：指明所包含文件的相对路径，或者是由 expression 所代表的相对路径的表达式。

注意：〈jsp:include〉动作标签可以包含静态文件或者动态文件。但二者有很大的不同。若包含静态文件，被包含文件的内容将直接嵌入到 JSP 文件中存放〈jsp:include〉指令的位置，而且当静态文件改变时，必须将 JSP 文件重新保存（重新转译），然后才能访问到变化了的文件。如果包含的文件是动态文件，那么将把动态执行的结果传回包含它的 JSP 页面中。若动态文件被修改，则重新运行 JSP 文件就会同步发生变化。而且书写该标签时，"jsp"、":"和"include"三者之间不要留有空格，否则会出错。

下面给出一个使用〈jsp:include〉动作标签的例程 ex4-9.jsp 的源代码。

ex4-9.jsp

```
<%@ page contentType="text/html;charset=GB 2312" %>
<HTML>
<BODY>
<h1>以下将显示 JSP 中所包含的一个静态文本</h1>
<h3>
<jsp:include   page="Java/hello.txt">
</jsp:include>
</h3>
</BODY>
</HTML>
```

ex4-9.jsp 文件中所包含的静态文本文件 hello.txt 的源代码如下。

hello. txt

```
<br>
<br>
我们可以使用<jsp:include>标签把一个静态文件嵌入到 JSP 文件中!
<br>
<br>
```

将 ex4-9. jsp 存放在 D:\Tomcat\webapps\ROOT 下。在 ROOT 目录下建立一个子目录 Java,将 hello. txt 存放在 D:\Tomcat\webapps\ROOT\Java 下。然后在浏览器中输入"http://localhost:8080/ex4-9.jsp",按 Enter 键后显示结果如图 4-7 所示。

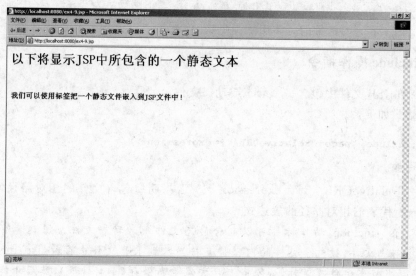

图 4-7   ex4-9. jsp 运行结果

4.3.5   forward 操作指令

功能:用于将浏览器显示的网页重定向到另一个 HTML 文件或 JSP 文件。
语法格式如下:

```
<jsp:forward page="relativeURL"|"<%=expression %>">
</jsp:forward>
```

或

```
<jsp:forward page="relativeURL"|"<%=expression %>"/>
```

属性说明:

page="relativeURL/〈%=expression %〉":可以是表达式或字符串,指明你将要定向的文件的 URL 地址。

注意:page 属性所指定的转向文件可以是 JSP、程序段,或者其他能够处理 request 对象的文件。

下面给出一个使用〈jsp：forward〉操作指令的例程 ex4-10.jsp 的源代码。

ex4-10.jsp

```
<%@ page contentType="text/html;charset=GB 2312" %>
<HTML>
<BODY>
<jsp:forward    page="Java/hello.html">
</jsp:forward>
</BODY>
</HTML>
```

ex4-10.jsp 所转向的 hello.html 文件的源代码如下。

hello.html

```
<html>
<body>
<center>
<br><br><br><br>
<h2>
以下显示的是从 ex4-10.jsp 页面所转向的文件 hello.html 的内容<br><br>
我们可以使用<jsp:forward>标签将 JSP 页面重定向到另一个 HTML 文件或 JSP 文件！
</h2></center>
</body>
</html>
```

将 ex4-10.jsp 存放在 D：\Tomcat\webapps\ROOT 下，然后将 ex4-10.jsp 所包含的 hello.txt 存放在 D：\Tomcat\webapps\ROOT\Java 下。在浏览器中输入 http://localhost：8080/ex4-10.jsp，按 Enter 键后显示结果如图 4-8 所示。

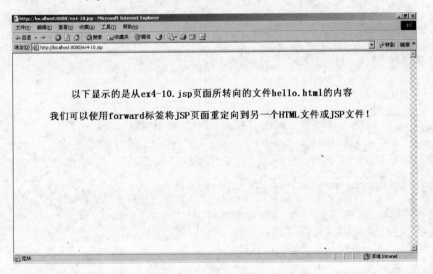

图 4-8　ex4-10.jsp 运行结果

4.3.6　param 操作指令

功能：为其他标签提供附加信息。

语法格式如下：

<jsp:param name="参数名字" value="参数的值"/>

注意：该标签必须配合〈jsp：include〉、〈jsp：forward〉动作标签一起使用。当与〈jsp:include〉标签一起使用时，可以将 param 组件中的参数值传递到 include 指令要包含的文件中去。

下面给出一个使用〈jsp：param〉操作指令的例程 ex4-11.jsp 和 ex4-12.jsp 的源代码。

ex4-11.jsp

```
<%@page contentType="text/html;charset=GB 2312" %>
<HTML>
<BODY>
<%
  String  str=request.getParameter("number");        //取得参数 number 的值
  int  m=Integer.valueOf(str);                        //将字符串转换成整型
  int  s=0;
  for(int i=1;i<=m;i=i+2)
      s=s+i;
%>
<br><br><br><center>
<h2>不超过<%=m%>的所有奇数的和为：
<br>
<%=s%>
</center>
</BODY>
</HTML>
```

ex4-12.jsp

```
<%@page contentType="text/html;charset=GB 2312"%>
<HTML>
<BODY>
<center>
<h1>将 ex4-11.jsp 文件中的信息传给 ex4-12.jsp 后所得结果如下：</h1>
</center>
<jsp:include  page="ex4-11.jsp">
<jsp:param  name="number"  value="24"/>
</jsp:include>
</BODY>
</HTML>
```

将 ex4-11.jsp 以及 ex4-12.jsp 存放在 D:\Tomcat\webapps\ROOT 目录下,然后在浏览器中输入 http://localhost:8080/ex4-12.jsp,按 Enter 键后显示结果如图 4-9 所示。

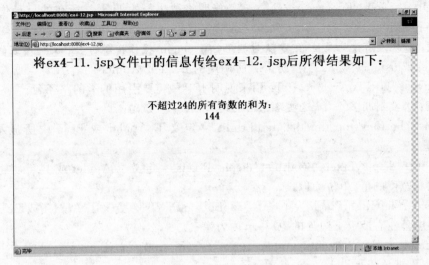

图 4-9　ex4-12.jsp 运行结果

4.3.7　plugin 操作指令

功能:让客户端执行一个小 Java 程序(Applet 或 Bean),有可能的话还要下载一个 Java 插件,用于执行它。

语法格式如下:

```
<jsp:plugin
type="bean|applet"
code="classFileName"
codebase="classFileDirectoryName"
[name="instanceName"]
[archive="URIToArchive, …"]
[align="bottom|top|middle|left|right"]
[height="displayPixels"]
[width="displayPixels"]
[hspace="leftRightPixels"]
[vspace="topBottomPixels"]
[jreversion="JREVersionNumber|1.1"]
[nspluginurl="URLToPlugin"]
[iepluginurl="URLToPlugin"]>
[<jsp:param name="parameterName"   value="parameterValue/<%=expression %>"/>]
[<jsp:fallback>text message for user </jsp:fallback>]
</jsp:plugin>
```

属性说明:

type="bean/applet":表示将被执行的插件对象的类型。注意此属性没有默认值。

code＝"classFileName"：表示被插件执行的 Java 类的名字,必须以.class 结尾并且文件存放于 codebase 属性指定的目录中。

codebase＝"classFileDirectoryName"：指明将被执行的 Java 类所在的目录位置(相对或绝对路径表示)。

注意：如果没有设此属性,则默认为调用〈jsp:plugin〉操作指令的 JSP 文件所在的目录。

name＝"instanceName"：指明 JSP 所调用的 Bean 或 Applet 的名字。

archive＝"URIToArchive,…"：用来说明 JSP 中将要引用的类的路径名。

注意：若要引用多个类,这些路径名之间必须用","分隔。

align＝"bottom | top | middle | left | right"：定义了 Applet 或 Bean 中所显示图片的位置。

height＝"displayPixels" width＝"displayPixels"：定义了 Applet 或 Bean 中所显示图片的高度和宽度的值,单位为像素。

hspace＝"leftRightPixels"vspace＝"topBottomPixels"：定义了 Applet 或 Bean 中所显示图片距屏幕左右或上下边界的距离,单位为像素。

jreversion＝"JREVersionNumber/1.1"：描述了 Applet 或 Bean 运行所需的 Java 虚拟机的版本号,默认值是 1.1。

nspluginurl＝"URLToPlugin"：给出用户可以下载 Netscape 公司的 Navigator 浏览器的 URL 地址(包括协议名、端口号和文件名)。

iepluginurl＝"URLToPlugin"：给出用户可以下载 IE 的 JRE 插件的 URL,此值为一个标准的带有协议名、可选的端口号和域名的全 URL。

〈jsp:param name＝"parameterName" value＝"parameterValue/〈%＝expression%〉"/〉：规定了向 Applet 或 Bean 所传送的参数值。

〈jsp:fallback〉 text message for user 〈/jsp:fallback〉：此标签中的信息作为当 Java 插件不能启动时,显示给用户的文本。

注意：若插件能够启动,但是 Applet 或 Bean 不能正常启动,浏览器则会弹出一个出错信息窗口。

下面给出一个使用〈jsp:param〉操作指令的例程 ex4-13.jsp 的源代码。

ex4-13.jsp

```
<%@page contentType="text/html;charset=GB 2312" %>
<HTML>
<BODY>
<center>
<h1>ex4-13.jsp 文件中所加载的 HelloApplet.class 文件的结果如下：</h1>
</center>
<jsp:plugin type="applet"  code="HelloApplet.class"  jreversion="1.2" width="500"
height="50">
<jsp:fallback>
不能启动插件！
</jsp:fallback>
</jsp:plugin>
</BODY>
</HTML>
```

其中插件所执行的类 HelloApplet 的源文件为 HelloApplet. java,其源代码如下。

HelloApplet. java

```
import java.applet.*;
import java.awt.*;
public class HelloApplet extends Applet
{
    public void paint(Graphics g)
    {
      g.setColor(Color.red);
      g.drawString("我们要学会使用<jsp:plugin>标签",5,10);
      g.setColor(Color.blue);
      g.drawString("将一个 Applet 小程序嵌入到 JSP 中",5,30);
    }
}
```

将 ex4-13. jsp 存放在 D:\Tomcat\webapps\ROOT 目录下,将 HelloApplet. java 文件经过 Java 编译器编译成功后生成的 HelloApplet. class 字节码文件存放在 D:\Tomcat\webapps\ROOT 目录下,然后在浏览器中输入"http://localhost:8080/ex4-13. jsp",按 Enter 键将导致访问 Sun 公司的网站,并且弹出下载 Java plugin 的界面,显示结果如图 4-10 所示。

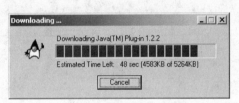

图 4-10　Java plugin 的下载界面

下载完毕出现 Java plugin 插件的安装界面,如图 4-11 所示,按照向导提示逐步完成安装过程。

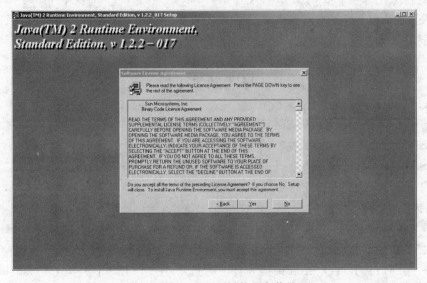

图 4-11　Java plugin 插件的安装界面

然后就可以使用 JVM(Java 虚拟机)而不是 IE 自带的 JVM 来加载执行 HelloApplet. class 字节码文件了。其运行结果如图 4-12 所示。

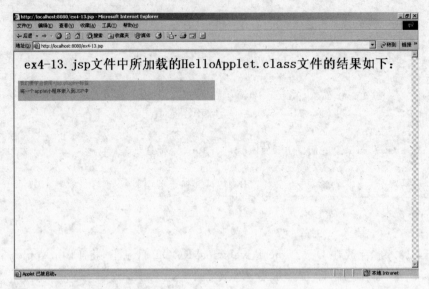

图 4-12　ex4-13.jsp 运行结果

本 章 小 结

JSP 是由 Sun 公司为创建动态 Web 内容而定义的一种技术。JSP 页面看起来像普通的 HTML 页面，但它允许嵌入执行代码，这一点和 ASP 技术非常相似。JSP 使得我们能够分离页面的静态 HTML 和动态部分。JSP 可用任何文本编辑器（如记事本等）编写，只要以 jsp 为扩展名保存即可。在编写 JSP 文件时，可以先编写 HTML 文档，然后在其中嵌入 Java 代码创建动态内容。本章重点介绍了 JSP 的基本语法、JSP 的编译指令以及 JSP 的操作指令，要求熟练掌握 JSP 的编译指令、操作指令的使用。

习题及实训

1. 请说出一个 JSP 页面的基本组成。

2. JSP 的编译指令包括哪些？请叙述各自的特点。

3. JSP 的操作指令包括哪些？这些操作指令能完成什么作用？

4. 利用〈jsp:include〉操作指令可以在 JSP 页面中包含静态文件和动态文件，这两种方式有什么区别？

5. 编写两个文档，一个是 JSP 文档，命名为 MYJSP.jsp；另一个是普通的 Html 文档，命名为 MYPHOTO.html。

要求：在 MYPHOTO.html 中插入自己的照片，在 MYJSP.jsp 中嵌入〈jsp:include〉操作指令，当在 IE 中运行 MYJSP.jsp 时能够将 MYPHOTO.html 中的照片显示出来。

第 5 章　JSP 常用对象

本章要点

　　在进行 JSP 编程时经常会访问到一些 Java 对象,这些对象既不需要声明,也不需要专门的代码来创建它们的实例,它们可以直接引用。把 JSP 中的这些对象称为内部对象。在 JSP 文件内,可以通过访问内部对象与执行 JSP 的 Servlet 环境相互作用,从而增强 JSP 页面的功能。表 5-1 列出了 JSP 中常见的 8 种内部对象。

表 5-1　JSP 常见的 8 种内部对象

内部对象名	主要功能
request	封装用户提交的请求信息
response	封装响应用户请求的信息
session	在用户请求时期保存对象属性
application	提供存取 Servlet Class 环境信息的方法
out	向客户端输出信息
pageContext	存取 JSP 执行过程中需要用到的属性和方法
config	提供存取 Servlet Class 初始参数及 Server 环境信息
exception	在页面出错时产生无法控制的 Throwable

5.1　request

　　request 对象的类型是一个执行 javax. servlet. http. HttpServletRequest 界面的类。当客户端请求一个 JSP 网页时,客户端的请求信息将被 JSP 引擎封装在这个 request 对象中。那么该对象调用相应的方法可以获取用户提交的信息。下面简要介绍一下 request 对象中的常用方法。

　　(1) getCookies():返回客户端的 cookie 对象,结果是一个 cookie 数组。

　　(2) getHeader(String name):获得 http 协议定义的传送文件头信息,如 request. getHeader("User-agent")返回客户端浏览器的版本号、类型等信息。

　　(3) getAttribute(String name):返回 name 指定的属性值,若不存在指定的属性,就返回空值(null)。

　　(4) getattributeNames ( ):返回 request 对象所有属性的名字,结果集是一个 Enumeration(枚举)类的实例。

　　(5) getHeaderNames():返回所有请求标头(request header)的名字,结果集是一个 Enumeration 类的实例。

　　(6) getHeaders(String name):返回指定名字的请求标头的所有值,结果集是一个 Enumeration 类的实例。

　　(7) getMethod():获得客户端向服务器端传送数据的方法(如 GET、POST 和 PUT 等类型)。

(8) getParameter(String name)：获得客户端传送给服务器端的参数值,该参数由 name 指定。

(9) get parameterNames()：获得客户端传送给服务器端的所有的参数名,结果集是一个 Enumeration 类的实例。

(10) getParameterValues(String name)：获得参数 name 所包含的值(一个或多个)。

(11) getQueryString()：获得由客户端以 GET 方式向服务器端传送的字符串。

(12) getRequestURI()：获得发出请求字符串的客户端地址。

(13) getServletPath()：获得客户端所请求的脚本文件的文件路径。

(14) setAttribute(String strname, Java. lang. Object obj)：设定名字为 strname 的 request 参数值,该值由 Object 类型的 obj 指定。

(15) getServerName()：获得服务器的名字。

(16) getServerPort()：获得服务器的端口号。

(17) getRemoteAddr()：获得客户端的 IP 地址。

(18) getRemoteHost()：获得客户端计算机的名字,若失败,则返回客户端计算机的 IP 地址。

(19) getProtocol()：获取客户端向服务器端传送数据所使用的协议名称,如 http/1.1。

通常用户向 JSP 页面提交信息是借助于表单来实现的。已经知道表单中包含文本框、列表、按钮等输入标记。当用户在表单中输入完信息后,单击 Submit 按钮这些信息将被提交。客户端可以使用 POST 和 GET 两种方法实现提交。它们的区别是 GET 方法提交的信息会显示在 IE 浏览器的地址栏中,而 POST 方法不会显示。提交后的信息就被封装在 request 对象中。通常 request 对象调用 getParameter()方法获取用户提交的信息。下面给出利用 request 对象获取客户提交页面信息的例程 ex5-1.jsp 的源代码。

ex5-1. jsp

```
<%@ page  contentType="text/html;charset=GB 2312"%>
<html>
<head>
<title>ex5-1.jsp</title>
</head>
<body><h1><center>
<form method="POST" action="do51.jsp" name="fm">
<br><br>
请输入您的尊姓大名：<input type="text" name="user" size="20">
</h1><br><br>
<input type="submit" value="我要提交" name="sm">
</center>
</form>
</body>
</html>
```

程序 ex5-1.jsp 通过表单向 do51.jsp 提交信息。do51.jsp 通过 request 对象获取用户

提交页面的信息，其源代码如下。

do51. jsp

```
<%@ page   contentType="text/html;charset=GB 2312"%>
<%@ page   import="java.util. * "%>
<html>
<head>
<title>do51.jsp</title>
</head>
<body>
<h4><center>
<br>
<%
out.println("客户协议："+request.getProtocol());
out.println("<br>");
out.println("服务器名："+request.getServerName());
out.println("<br>");
out.println("服务器端口号："+request.getServerPort());
out.println("<br>");
out.println("客户端 IP 地址："+request.getRemoteAddr());
out.println("<br>");
out.println("客户机名："+request.getRemoteHost());
out.println("<br>");
out.println("客户提交信息长度："+request.getContentLength());
out.println("<br>");
out.println("客户提交信息类型："+request.getContentType());
out.println("<br>");
out.println("客户提交信息方式："+request.getMethod());
out.println("<br>");
out.println("Path Info: "+request.getPathInfo());
out.println("<br>");
out.println("Query String: "+request.getQueryString());
out.println("<br>");
out.println("客户提交信息页面位置："+request.getServletPath());
out.println("<br>");
out.println("HTTP 头文件中 accept-encoding 的值："+request.getHeader("Accept-
Encoding"));
out.println("<br>");
out.println("HTTP 头文件中 User-Agent 的值 : "+request.getHeader("User-Agent"));
out.println("<br>");
%>
</h4>
<h2>
您的名字是：
</h2>
```

```
<h1>
<%String  username=request.getParameter("user"); %>
<%=username%>
</h1>
</body>
</html>
```

将 ex5-1.jsp 和 do51.jsp 保存到 D:\Tomcat\webapps\ROOT 目录下,然后在 IE 浏览器的地址栏中输入 http://localhost:8080/ex5-1.jsp,按 Enter 键后屏幕显示如图 5-1 所示。

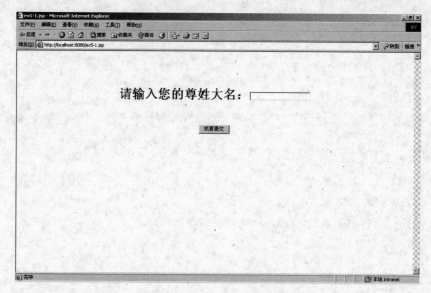

图 5-1   ex5-1.jsp 运行结果

在文本框中输入你的名字后单击"我要提交"按钮,结果如图 5-2 所示。

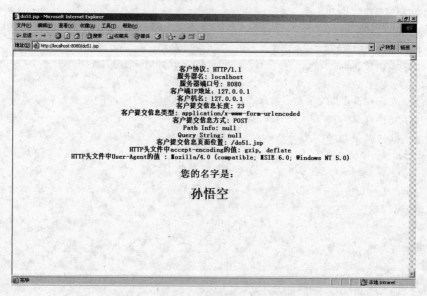

图 5-2   提交后的 ex5-1.jsp 运行结果

5.2　response

response 对象的类型为 javax. servlet. http. HttpServletResponse 类。当用户向服务器端提交了 HTTP 请求后,服务器将会根据用户的请求建立一个默认的 response 对象,然后传入一jspService()函数中,给客户端提供响应的信息。下面介绍 response 对象中所包含的方法。

(1) setContentType(String s):可以改变 ContentType 的属性值。当用户访问一个 ContentType 属性值是 text/html 的 JSP 页面时,JSP 引擎将按照 ContentType 属性的值来响应客户的请求信息。response 对象可以调用该方法来设置 ContentType 的值,其中参数 s 可取 text/html、application/x-msexcel 和 application/msword 等。

(2) sendRedirect(URL):将实现客户的重定向。即在处理客户请求的过程中,可能会根据不同事件将客户重新引导至另一个页面。其中参数 URL 的值为重定向页面所在的相对路径。

(3) addCookie(Cookie cookie):将实现添加 1 个 cookie 对象。cookie 可以保存客户端的用户信息。通过 request 对象调用 getcookies()方法可获得这个 cookie。

(4) addHeader(String name,String value):将实现添加 http 文件头。该 header 将会传到客户端,若同名的 header 存在,原来的 header 会被覆盖。其中参数 name 指定 http 头的名字,参数 value 指定 http 头的值。

(5) containsHeader(String name):判断参数 name 所指名字的 HTTP 文件头是否存在,如果存在返回 true,否则为 false。

(6) sendError(int ernum):实现向客户端发送错误信息。其中参数 ernum 表示错误代码。比如当 ernum 为 404 时,表示网页找不到错误。

(7) setHeader(String name,String value):将根据 HTTP 文件头的名字来设定它的值。如果 HTTP 头原来有值,则它将会被新值覆盖。其中参数 name 表示 http 头的名字,参数 value 指定 http 头的值。

下面给出利用 response 对象实现客户重定向的例程 ex5-2. jsp 和 do52. jsp 的源代码。

ex5-2. jsp

```
<%@page   contentType="text/html;charset=GB 2312"%>
<html>
<head>
<title>ex5-2.jsp</title>
<head>
<body>
<form method="POST" action="do52.jsp" name="fm">
<p align="center">
音乐前沿网—用户注册
<p align="center">
您的尊姓大名:<input type="text" name="user" size="20">    
您的密码:<input type="password" name="pwd" size="20"><br><br>
```

```
<p>你最喜欢的歌星：
<input type="checkbox" name="sports" value=ldh>刘德华
<input type="checkbox" name="sports" value=lry>刘若英
  
  
您的性别：
<input type="radio" name="sexy" value=male>男
<input type="radio" name="sexy" value=female>女 <br><br>
<p>请填写一条您最欣赏的歌词：</p>
<textarea NAME="Computer" ROWS=6  COLS=64>
     不经历风雨,怎么才能见到彩虹。
</textarea><br><br>
您的家庭所在地：
<select  name="area" style="width"50"  size="1">
    <option value="fz"  selected >福州 </option>
    <option value="xm">厦门 </option>
    <option value="qz">泉州 </option>
    <option value="cq">三明 </option>
</select><br><br>
<p>您最喜欢的小动物的图片：
<input type="image" name="os" src="c:\image\cat.jpg">
  
  
<br><br>
<center>
<input type="submit" value="提交">
<input type="reset" value="重填">
</p>
</center>
</form>
</body>
</html>
```

do52.jsp

```
<%@page   contentType="text/html;charset=GB 2312"%>
<%@page   import="java.util.* "%>
<html>
<head>
<title>do52.jsp</title>
</head>
<body>
<h1><center>
<br><br><br>
<%
  String username=request.getParameter("user");
```

```
  if(username==null)
    {
    username="";
    }
byte userbyte[]=username.getBytes("ISO-8859-1");
username=new String(userbyte);
if(username.equals(""))
  {
    response.sendRedirect("ex5-2.jsp");
  }
else
  {
    out.println("<br>");
    out.print("欢迎");
    out.println(username);
    out.print("进入音乐前沿网站!");
    out.println("<br>");
  }
%>
</h1>
</body>
</html>
```

将 ex5-2.jsp 和 do52.jsp 保存到 D:\Tomcat\webapps\ROOT 目录下,然后在 IE 浏览器的地址栏中输入 http://localhost:8080/ex5-2.jsp,按 Enter 键后屏幕显示如图 5-3 所示。

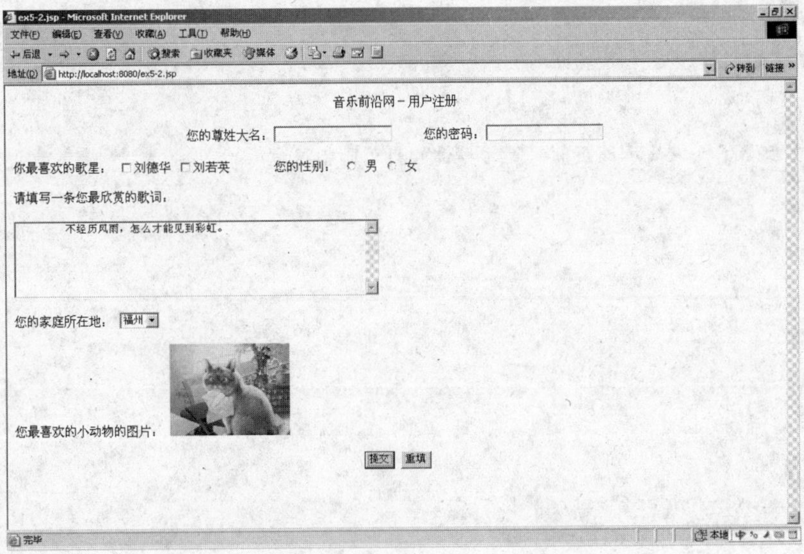

图 5-3　ex5-2.jsp 运行结果

当输入完信息(注意要输入用户名)后单击"提交"按钮,效果如图 5-4 所示。

下面给出利用 response 对象实现自动刷新客户页面的例程 ex5-3.jsp 的源代码。

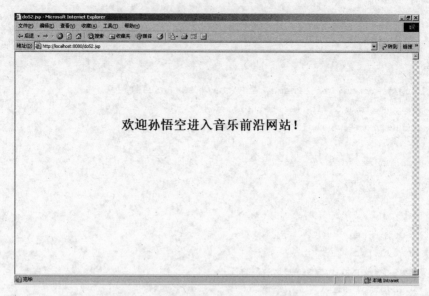

图 5-4 提交后的 ex5-2.jsp 运行结果

ex5-3. jsp

```
<%@ page language="java"%>
<%@ page contentType="text/html;charset=GB 2312"%>
<%@ page import="java.util. * "%>
<HTML>
<HEAD>
<TITLE>ex5-3.jsp</TITLE>
</HEAD>
<BODY>
<br>
<br>
<h3>本例将给大家演示该页面每隔 1 秒钟的自动刷新过程
</h3>
<br>
<br>
<br>
<br>
<br>
<h1>
现在的时间是：
<%
response.setHeader("refresh","1");
out.println(new Date().toLocaleString());
%>
</h1>
</BODY>
</HTML>
```

ex5-3.jsp 的运行效果如图 5-5 所示。

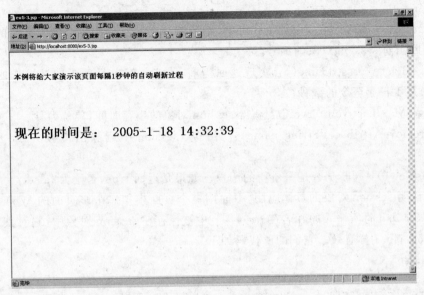

图 5-5　ex5-3.jsp 运行结果

5.3　session

　　session 这个单词翻译过来是会话的意思。其实它指的是从一个用户在客户端打开 IE 浏览器并连接到服务器端开始，一直到该用户关闭 IE 浏览器为止的这段时期。用户会在这个服务器的不同页面之间跳转，甚至会反复刷新服务器上的某一个页面。那么服务器用什么办法才能知道和当前页面连接的用户是否是同一个用户呢？服务器又是怎样获取用户在访问各个页面期间所提交的信息（连接一旦关闭，服务器不会保留先前连接的信息）的呢？要解决这些问题就需要 session 对象。

　　session 对象在第一个 JSP 页面被装载时自动创建，完成会话期管理。当用户第一次登录网站时，服务器端的 JSP 引擎将为该用户生成一个独一无二的 session 对象。用以记录该用户的个人信息，一旦该用户退出网站，那么属于它的 session 对象将会注销。session 对象可以绑定若干个人信息或者 Java 对象。如果不同 session 对象内部定义了相同的变量名，而这些同名变量是不会相互干扰的。需要说明的是，session 对象中所保存和检索的信息不能是基本数据类型，必须是 Java 语言中相应的 object 对象。下面给大家介绍 session 对象中所包含的方法。

　　（1）setAttribute（String key，Object obj）：实现将参数 obj 所指定的对象添加到 session 对象中，并为添加的对象指定一个索引关键字 key。

　　（2）getAttribute（String name）：实现从 session 对象中提取由参数 name 指定的对象。若该对象不存在，将返回 null。

　　（3）getAttributeNames（）：返回 session 对象中存储的第一个对象，结果集是一个 Enumeration 类的对象。可以使用 nextElements（）来遍历 session 中的全部对象。

（4）getCreationTime()：返回创建 session 对象的时间，以毫秒为单位从 1970 年 1 月 1 日起计数。

（5）getId()：每生成一个 session 对象，服务器都会给其分配一个独一无二的编号，该方法将返回当前 session 对象的编号。

（6）getLastAccessedTime()：实现返回当前 session 对象最后 1 次被操作的时间，即 1970 年 1 月 1 日起至今的毫秒数。

（7）getMaxInactiveInterval()：获得 session 对象的生存时间，单位为秒。

（8）removeAttribute(String name)：实现从 session 中删除由参数 name 所指定的对象。

（9）isNew()：判断是否是一个新的用户。如果是返回 true，否则为 false。

为了说明 session 对象的具体应用，下面用三个页面模拟一个多页面的 Web 应用。用户访问 ex5-4.jsp 时所输入的姓名在 do54.jsp 中被保存在 session 对象中，它对其后继的页面 newdo54.jsp 一样有效。它们的源代码如下。

ex5-4. jsp

```
<%@ page   contentType="text/html;charset=GB 2312"%>
<html>
<head>
<title>ex5-4.jsp</title>
<head>
<body>
<form method="POST" action="do54.jsp" name="fm">
<center>
<br>
<br>
<br>
<h1>
请输入您的尊姓大名：<input type="text" name="user" size="20">
<br>
<br>
<input type="submit" value="提交">
<input type="reset" value="重填">
</center>
</form>
</body>
</html>
```

do54. jsp

```
<%@ page   contentType="text/html;charset=GB 2312"%>
<html>
<head>
<title>do54.jsp</title>
<head>
```

```
<body>
<center>
<h1>
<br>
<br>
<br>
<%@ page language="java"%>
<%! String username="";%>
<%
    username=request.getParameter("user");
    session.putValue("name",username);
%>
很高兴认识<%=username%>!
<br>
<form method="POST" action="newdo54.jsp" name="fom">
请输入您最欣赏的歌星的名字：<input type="text" name="singer" size="20">
<br>
<br>
<input type="submit" value="提交">
<input type="reset" value="重填">
</center>
</h1>
</form>
</body>
</html>
```

newdo54. jsp

```
<html>
<head>
<title>newdo54.jsp</title>
<head>
<body>
<center>
<h1>
<br>
<br>
<br>
<%@ page language="java"%>
<%! String singername="";%>
<%
    String name;
    singername=request.getParameter("singer");
    name= (String)session.getValue("name");
%>
```

```
<%=name%>最欣赏的歌星是<%=singername%>
</center>
</h1>
</form>
</body>
</html>
```

将 ex5-4.jsp、do54.jsp 和 newdo54.jsp 保存到 D:\Tomcat\webapps\ROOT 目录下，然后在 IE 浏览器的地址栏中输入 http://localhost:8080/ex5-4.jsp，按 Enter 键后屏幕效果如图 5-6 所示。

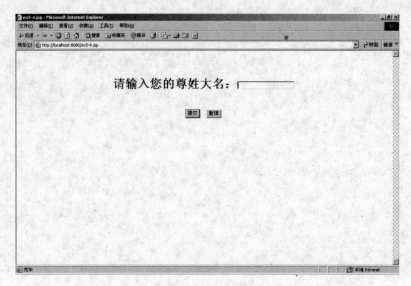

图 5-6　ex5-4.jsp 运行结果

在文本框中输入姓名"孙梨花"，单击"提交"按钮，屏幕效果如图 5-7 所示。

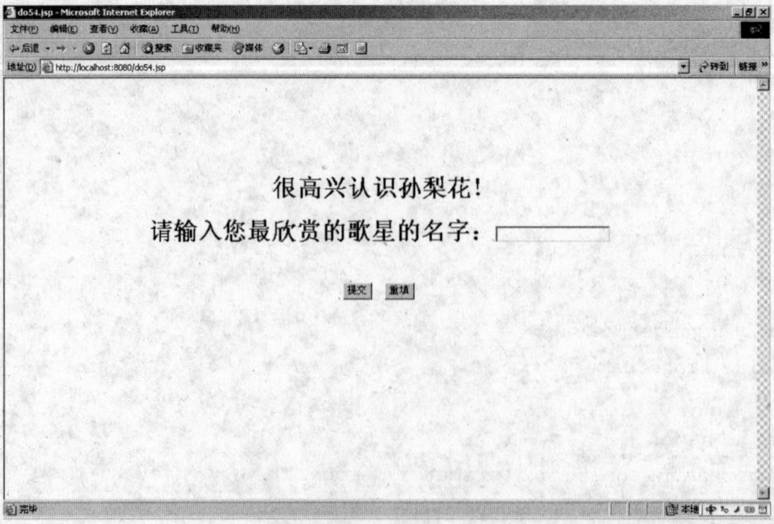

图 5-7　提交后的 ex5-4.jsp 运行结果

在文本框中输入歌星名"张学友",单击"提交"按钮,屏幕效果如图 5-8 所示。

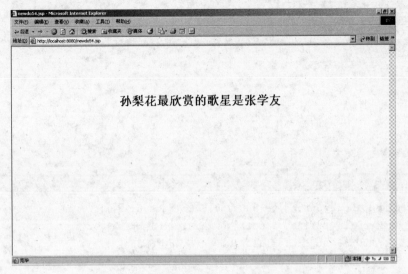

图 5-8　再次提交后的 ex5-4.jsp 运行结果

5.4　out

　　out 对象的类型是一个继承自抽象的 javax. servlet. jsp. JspWriter 类。实际上 out 对象是一个输出流,可以向客户端输出数据。同时 out 对象还可以管理应用服务器上的输出缓冲区。下面给大家介绍 out 对象中的方法。

　　(1) out. print(类型名):实现向客户端输出各种类型的数据(如 out. print(char))。

　　(2) out. println(类型名):实现向客户端换行输出各种类型数据。

　　(3) out. newLine():实现向客户端输出一个换行符。

　　(4) out. flush():实现向客户端输出缓冲区的数据。

　　(5) out. close():用来关闭输出流。

　　(6) out. clearBuffer():实现清除缓冲区里的数据,并把数据写到客户端。

　　(7) out. clear():清除缓冲区里的数据,但不把数据写到客户端。

　　(8) out. getBufferSize():用来获得缓冲区的大小,缓冲区的大小可用〈%@ page buffer＝"size" %〉设置。

　　(9) out. getRemaining():用来获得缓冲区没有使用的空间的大小。

　　(10) out. isAutoFlush():用来设置是否自动向客户端输出缓冲区中的数据。返回值为布尔类型,如果是则返回 true,否则返回 false。可用〈%@ page is AutoFlush＝"true/false" %〉来设置。

　　下面给出利用 out 对象向客户端输出信息的例程 ex5-5. jsp 的源代码。

ex5-5. jsp

```
<%@ page contentType="text/html;charset=GB 2312" %>
<%@ page  import="java.util. * "%>
```

```
<HTML>
<HEAD>
<title>ex5-5.jsp
</title>
<h1>
<br>
<br>
<br>
<br>
<center>
<%
  Date   Nowdate =new Date();
  String nowhour=String.valueOf(Nowdate.getHours());
  String nowmin=String.valueOf(Nowdate.getMinutes());
  String nowsec=String.valueOf(Nowdate.getSeconds());
%>
现在是北京时间:
<%out.print(nowhour);%>
时
<%out.print(nowmin);%>
分
<%out.print(nowsec);%>
秒
</center>
</h1>
</BODY>
</HTML>
```

ex5-5.jsp 的运行效果如图 5-9 所示。

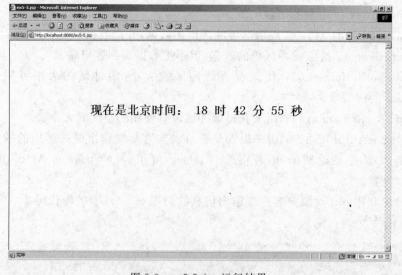

图 5-9　ex5-5.jsp 运行结果

5.5　application

与 session 对象相似,当一个用户首次访问服务器上的一个 JSP 页面时,服务器的 JSP 引擎就为该用户创建 application 对象,当客户在服务器的各个页面之间浏览时,这个 application 对象都是同一个,直到服务器关闭。但是与 session 对象不同的是,所有用户的 application 对象都是同一个,即所有用户共享这个 application 对象。application 对象由服务器创建,也由服务器自动清除,不能被用户创建和清除。下面介绍 application 对象中的方法。

(1) getAttribute(String name):返回由参数 name 指定的、存放在 application 中的对象。

注意:返回时应该使用强制类型转换成为对象原来的类型。

(2) getAttributeNames():返回所有存放在 application 中的对象,结果集是一个 Enumeration 类的对象。

(3) getInitParameter(String name):返回由参数 name 所指定的 application 中某个属性的初始值。

(4) getServerInfo():获得当前版本 Servlet 编译器的信息。

(5) setAttribute(String name,Object ob):用来将参数 ob 指定的对象添加到 application 中,并为添加的对象指定一个关键字。该关键字由 name 指定。

下面给出利用 application 对象实现统计来访者(只统计新用户,同一用户只计数一次)的例程 ex5-6.jsp 的源代码。

ex5-6.jsp

```
<%@ page language="java"%>
<%@ page contentType="text/html;charset=GB 2312"%>
<HTML>
<HEAD>
<TITLE>ex5-6.jsp</TITLE>
</HEAD>
<BODY>
<br>
<br>
<br>
<br>
<h1>
<center>
<%
String myname="吴大维";
int     myage=68;
String mypassword="4325255326";
application.setAttribute("myname",myname);
application.setAttribute("myage",(Integer.toString(myage)));
application.setAttribute("mypassword",mypassword);
```

```
out.println("我的姓名是: "+application.getAttribute("myname")+"<BR>");
out.println("我的年龄是: "+application.getAttribute("myage")+"<BR>");
out.println("我的口令是: "+application.getAttribute("mypassword")+"<BR>");
application.removeAttribute("password");
out.println("口令被移除了!"+application.getAttribute("password")+"<BR>");
%>
</h1>
</center>
</BODY>
</HTML>
```

ex5-6.jsp 的运行结果如图 5-10 所示。

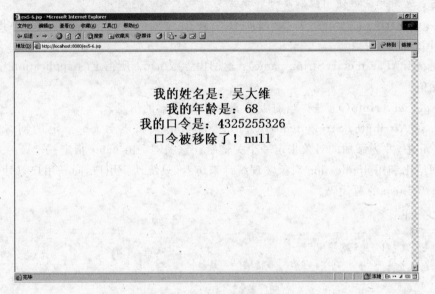

图 5-10　ex5-6.jsp 运行结果

5.6　exception

我们无法保证在进行 JSP 编程时不发生错误,那么当 JSP 文件执行过程中发生了错误该如何处理呢? 实际上 exception 对象是专门负责处理这些问题的。但要注意 exception 对象一般要和 page 指令一起配合使用,通过指定某个页面为错误处理页面,把 JSP 文件执行时所有发生的错误和异常都集中到那个页面去进行处理,这不仅提高了系统的统一性,程序流程也变得更加简单清晰。下面介绍 exception 对象中的方法。

(1) getMessage():该方法返回错误信息。

(2) printStackTrace():该方法以标准错误的形式输出一个错误和错误的堆栈。

(3) toString():该方法以字符串的形式返回 1 个对异常的描述。

下面给出例程 ex5-7.jsp、do57.jsp 以及 er.jsp,它们利用 exception 对象处理当用户输入的数据不是整数时所发生的错误。它们的源代码如下。

ex5-7.jsp

```
<%@ page language="java"%>
<%@ page contentType="text/html;charset=GB 2312"%>
<HTML>
<HEAD>
<TITLE>ex5-7.jsp</TITLE>
</HEAD>
<BODY>
<br>
<br>
<br>
<br>
<h1>
<center>
<form method="POST" action="do57.jsp" name="fom">
请输入整数：<input type="text" name="number" size="20">
<br>
<br>
  <input type="submit" value="提交">
  <input type="reset" value="重填">
</h1>
</center>
</BODY>
</HTML>
```

do57.jsp

```
<%@ page language="java"%>
<%@ page contentType="text/html;charset=GB 2312"%>
<HTML>
<HEAD>
<TITLE>ex5-7.jsp</TITLE>
</HEAD>
<BODY>
<br>
<br>
<br>
<br>
<h1>
<center>
<form method="POST" action="do57.jsp" name="fom">
请输入整数：<input type="text" name="number" size="20">
<br>
<br>
```

```
<input type="submit" value="提交">
<input type="reset" value="重填">
</h1>
</center>
</BODY>
</HTML>
```

er. jsp

```
<%@ page language="java"%>
<%@ page isErrorPage="true"%>
<%@ page contentType="text/html;charset=GB 2312"%>
<head>
<title>er.jsp</title>
<head>
<body>
<center>
<h1>
<br>
<br>
<br>
<%=exception.toString()%>
</center>
</h1>
</body>
</html>
```

将 ex5-7. jsp、do57. jsp 和 er. jsp 保存到 D:\Tomcat\webapps\ROOT 目录下,然后在 IE 浏览器的地址栏中输入 http://localhost:8080/ex5-7. jsp,按 Enter 键后屏幕效果如图 5-11 所示。

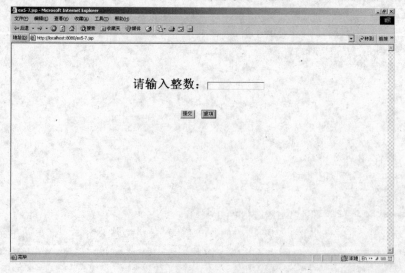

图 5-11　ex5-7. jsp 运行结果

在文本框中输入 188，单击"提交"按钮后运行结果如图 5-12 所示。

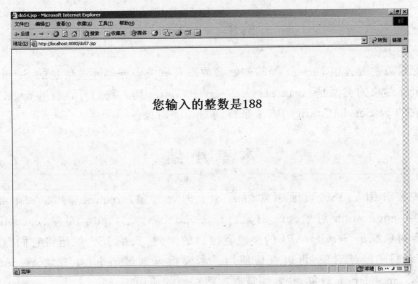

图 5-12　正确提交后的 ex5-7.jsp 运行结果

在文本框中任意输入一个非整数 46.23，单击"提交"按钮后运行结果如图 5-13 所示。

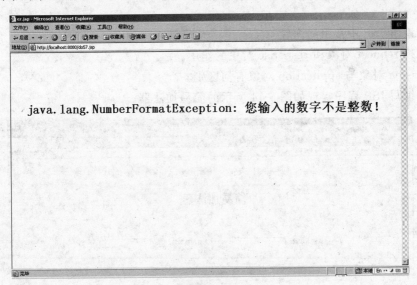

图 5-13　错误提交后的 ex5-7.jsp 运行结果

5.7　pageContext

在进行 JSP 网页编程过程中，会用到大量的对象属性，如 session、application、out 等。事实上 pageContent 对象提供了所有 JSP 程序执行过程中所需要的属性以及方法。pageContent 对象的类型是 javax. servlet. jsp. PageContent 抽象类。JSP 引擎通过JspFactory. getDefaultFactory()方法取得默认的 JspFactory 对象，JspFactory 对象通过调

用 getpageContent()方法取得 pageContent 对象。

5.8 config

config 对象主要提供 servlet 类的初始参数以及有关服务器环境信息的 ServletContext 对象。config 对象的类型是 javax.servlet.ServletConfig 类。我们可以通过 pageContent 对象并调用它的 getServletConfig()方法来得到 config 对象。

本 章 小 结

本章主要介绍了 JSP 页面中常用的 8 个内置对象：request 对象、response 对象、session 对象、application 对象、out 对象、pageContext 对象、config 对象、exception 对象。这 8 个内置对象都是 Servlet API 的类或者接口的实例，只是 JSP 规范将它们完成了默认初始化，即它们已经是对象，可以直接使用。需要重点理解 request 对象、response 对象、session 对象、application 对象，并熟练掌握这些对象的使用。

习题及实训

1. 请说出 JSP 中常用的内置对象。
2. 简述 request 对象和 response 对象的作用。
3. session 对象与 application 对象有何区别？
4. 请编写 JSP 程序实现如图 5-14 所示的简易加法器。

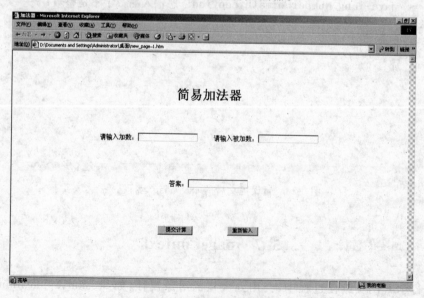

图 5-14　简易加法器界面

要求：输入完加数和被加数后，单击"提交计算"按钮，结果将显示在"答案"文本框中。

第6章 数据库访问

本章要点

在进行网页编程的时候经常会处理大量的数据,这些数据不可能都放在 JSP 页面中,理想的办法是将数据存入数据库,然后在 JSP 页面中访问数据库来完成数据的处理过程。为实现这一环节必须在 JSP 中实现与数据库的连接。本章所用的后台数据库是 SQL Server 2000(企业版),因而先介绍 JDBC 技术与 SQL Server 的连接,然后详细说明数据库的各种基本操作。

6.1 SQL 和 JDBC

6.1.1 SQL 简介

1. 如何理解 SQL

SQL(Structured Query Language)的中文意思是结构化查询语言,它起源于一种查询语言。这种语言是 IBM 的圣约瑟研究实验室为其关系数据库管理系统 SYSTEM R 开发的,它的前身是 SQUARE 语言。鉴于 SQL 语言结构简洁、功能强大、简单易学的特点,所以自 IBM 公司 1981 年推出 SQL 时便得到了广泛的应用。目前,无论大型的数据库管理系统(如 Oracle、Sybase、Informix、SQL Server 等),还是 Visual FoxPro、PowerBuilder 这些微机上常用的数据库开发系统,都支持 SQL 语言作为查询语言。SQL 语言包含了 4 个部分,它们分别是:

(1) 数据查询语言(Data Query Language,DQL),如 SELECT。

(2) 数据操纵语言(Data Manipulation Language,DML),如 INSERT、UPDATE、DELETE。

(3) 数据定义语言(Data Definition Language,DDL),如 CREATE、ALTER、DROP。

(4) 数据控制语言(Data Control Language,DCL),如 COMMIT WORK、ROLLBACK、WORK。

2. SQL 的技术优势

1) 非过程化语言

SQL 是一个非过程化的语言,因为它一次处理一个记录,对数据提供自动导航。SQL 允许用户在高层的数据结构上工作,而不对单个记录进行操作,可操作记录集。所有 SQL 语句接受集合作为输入,返回集合作为输出。SQL 的集合特性允许一条 SQL 语句的结果作为另一条 SQL 语句的输入。SQL 不要求用户指定对数据的存放方法。这种特性使用户更易集中精力于要得到的结果。所有 SQL 语句使用查询优化器,它是 RDBMS 的一部分,由它决定对指定数据存取的最快速度的手段。查询优化器知道存在什么索引,哪儿使用合适,而用户从不需要知道表是否有索引,表有什么类型的索引。

2) 数据库操作语言的统一

SQL 可用于所有用户的数据库活动模型,包括系统管理员、数据库管理员、应用程序员、决策支持系统人员及许多其他类型的终端用户。基本的 SQL 命令只需很少时间就能学会,最高级的命令在几天内便可掌握。SQL 为许多任务提供了命令,包括:

(1) 查询数据。

(2) 在表中插入、修改和删除记录。

(3) 建立、修改和删除数据对象。

(4) 控制对数据和数据对象的存取。

(5) 保证数据库一致性和完整性。

以前的数据库管理系统为上述各类操作提供单独的语言,而 SQL 将全部任务统一在一种语言中。

3) 支持所有的关系数据库

由于所有主要的关系数据库管理系统都支持 SQL 语言,因此用户可将使用 SQL 的技能从一个关系数据库管理系统转到另一个关系数据库管理系统。所有用 SQL 编写的程序都有良好的可移植性。

6.1.2　JDBC 简介

1. JDBC 的概念

JDBC(Java DataBase Connectivity)是一个产品的商标名,相对于 ODBC(Open Database Connectivity,开放数据库连接)而言,也可以把 JDBC 看作是 Java 数据库连接。JDBC 由一些 Java 语言编写的类和界面组成,通过结构化查询语言(SQL)为基于 Java 开发的访问大部分数据库系统的应用程序提供接口。Web 应用程序开发人员可以用纯 Java 语言编写完整的数据库应用程序。一般而言,JDBC 可以完成以下工作:

(1) 和一个数据库建立连接。

(2) 向数据库发送 SQL 语句。

(3) 处理数据库返回的结果。

JDBC 的这些特点完全适合 Web 编程的需要。JDBC 帮助 Java 实现了和各种不同类型的数据库连接,从而扩展了基于 Java 的 Web 编程能力。离开了 JDBC 编程就变得复杂。比如 JSP 要同时访问两个数据库,一个是 Qracle;另一个是 SQL Server,就必须写两个程序来实现,一个来访问 Oracle,另一个访问 SQL Server。而这对于 JDBC 来说非常容易,因为它能够将 SQL 语句发往任何一种数据库管理系统。

2. 剖析 JDBC 与 ODBC

目前市面上最流行的两种数据库接口就是 ODBC 和 JDBC。Microsoft 推出的 ODBC 是最早的整合不同类型数据库的数据库接口,获得了极大的成功,现在已成为一种事实上的标准。ODBC 是基于 SQL 的,在相关或不相关的数据库管理系统(DBMS)中存取数据的标准应用程序数据接口。它可以作为访问数据库的标准。这个接口提供了最大限度的相互可操作性:一个应用程序可以通过一组通用的代码访问不同的数据库管理系统。这样说似乎 ODBC 完全可以取代 JDBC,其实不然。可以从以下几点说明:

(1) 因为 ODBC 是一个 C 语言接口,所以 ODBC 在 Java 中直接使用不适当。从 Java 中来调用 C 代码在安全性、健壮性、实现的方便和可移植性等方面有许多不便。它使得

Java 在这些方面的许多优点得不到发挥。

（2）基于 C 语言的 ODBC 到基于 Java API 的 ODBC 的实现容易产生问题。毕竟 Java 和 C 在很多方面存在着差异，比如 C 语言中定义了指针类型，而 Java 中没有指针。

（3）从掌握难易程度而言，JDBC 要比 ODBC 更容易学习一些。因为 ODBC 对非常简单的操作，比如查询一个数据库都需设置复杂的选项。

（4）考虑到客户端的环境，ODBC 不能保证在任何一台客户机上使用（除非事先在这台客户机上安装了 ODBC 的驱动程序以及驱动管理器）。如果 JDBC 的驱动程序是由纯 Java 代码编写的，那么 JDBC 将适合任何的 Java 平台环境。

总之，JDBC 是在 ODBC 的基础上建立起来的。它除了继承原有的 ODBC 的特征外，还突出了 Java 语言的风格，成为支持 SQL 概念的最直接的 Java 编程 API。目前市面上的数据库产品五花八门，而 JDBC 给 Web 程序提供了独立于不同类型数据库的统一的访问方式。JDBC 实现这一功能必须安装相应的驱动程序，JDBC-ODBC 桥接器就是其中的一种，通过 JDBC-ODBC 桥，开发人员实现了将基于 Java 的 JDBC 调用映射为 ODBC 调用，而 ODBC 驱动程序已经被广泛的采用，因此经过 JDBC-ODBC 桥的映射，JDBC 可以访问几乎所有类型的数据库。

注意：使用 JDBC-ODBC 桥访问数据库前必须设置数据源。

6.2　设置数据源

要开发数据库应用程序首先要解决数据源的问题，那么什么是数据源呢？简单来讲数据源就是实实在在的数据，通常指的是各种数据表。比如在编写 JSP 页面时需要访问 SQL Server 中的表 studentinformation，启动 MicroSoft SQL Server 中的"企业管理器"，不难发现此表位于"控制台根目录\MicroSoft SQL Servers\SQL Server 组\（local）（Windows NT）\数据库\pubs\表"中，如图 6-1 所示。

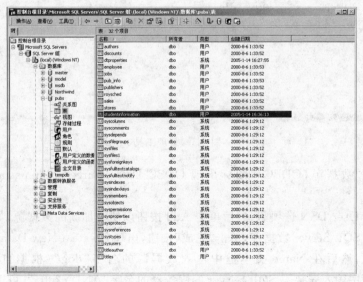

图 6-1　studentinformation 表所在目录

要访问 studentinformation 表就必须建立和 SQL Server 数据库的连接。其操作步骤如下：

（1）设置数据源。单击"开始"按钮，选择"设置"，选择"控制面板"，进入"控制面板"窗口，如图 6-2 所示。

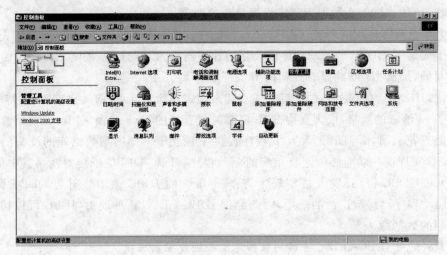

图 6-2　控制面板

（2）双击"管理工具"图标，进入"管理工具"窗口，如图 6-3 所示。

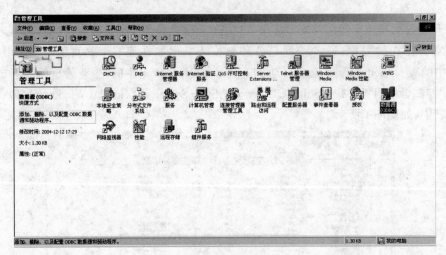

图 6-3　管理工具

（3）双击"数据源（ODBC）"图标出现 ODBC Data Source Administrator 对话框，如图 6-4 所示。

（4）选择 User DSN 选项卡，然后单击 Add 按钮以便添加新的数据源，如图 6-5 所示。

（5）选中 SQL Server 数据库，单击"完成"按钮，出现 Create a New Data Source to SQL Server 对话框，然后在 Name 文本框中输入数据源的名字"dog"（根据自己的习惯），在 Server 文本框中输入安装了 SQL Server 的服务器的名字"ANDY2004"（可以本机也可以是异地机），如图 6-6 所示。

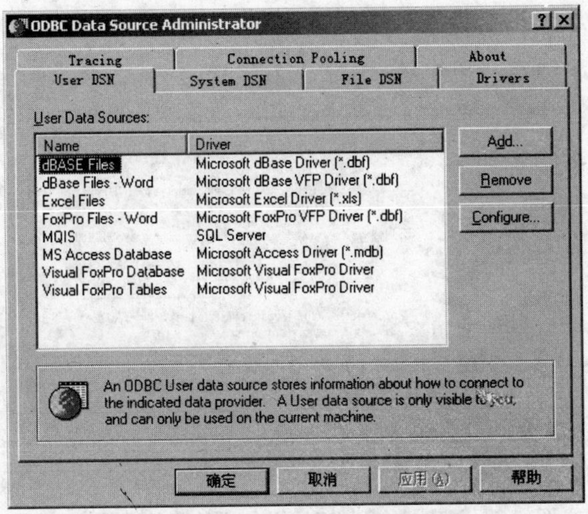

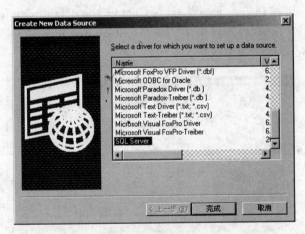

图 6-4　ODBC 数据源管理员

图 6-5　用户数据源

图 6-6　创建一个到 SQL 服务器的新的数据源(一)

　　(6) 单击"下一步"按钮进入下一界面,在其中选中"With SQL Server authentication using a login ID and password entered by the user."(使用用户输入登录标识号和密码的

SQL Server 验证)单选按钮。然后选择用户为 administrator,密码为空,如图 6-7 所示。

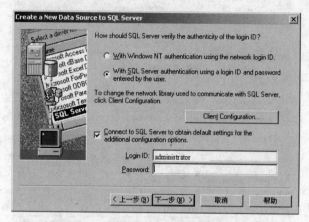

图 6-7 创建一个到 SQL 服务器的新的数据源(二)

(7) 单击"下一步"按钮进入下一界面,在 Change the default datebase to 文本框中输入默认的数据库的名字"pubs"。然后选中 Use ANSI quoted identifiers 和 Use ANSI nulls, paddings and warnings,如图 6-8 所示。

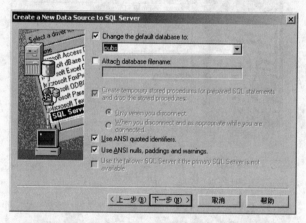

图 6-8 创建一个到 SQL 服务器的新的数据源(三)

(8) 单击"下一步"按钮进入下一界面,单击"完成"按钮出现 ODBC Microsoft SQL Server Setup 对话框,如图 6-9 所示。

(9) 单击选择 Test Data Source(测试数据源)按钮就会弹出数据源设置成功的对话框,即 SQL Server ODBC Data Source Test 对话框,如图 6-10 所示。

至此数据库 pubs 设置完毕,显然数据库 pubs 就是要连接的数据源对象。现在要做的就是在 JSP 页面中嵌入 JDBC-ODBC 桥,经过 JDBC-ODBC 桥的映射,使 JSP 可以访问 SQL Server 中的数据库。具体做法是在 JSP 中嵌入如下语句:

```
try {Connection con=DriverManager.getConnection ("jdbc:odbc:数据源的名字",
"loginname", "password");
catch (SQLException e)   {}
```

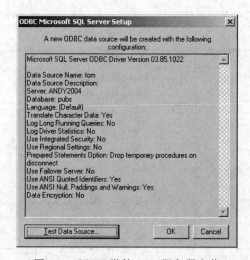

图 6-9　ODBC 微软 SQL 服务器安装

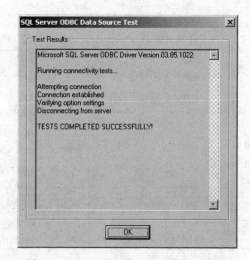

图 6-10　SQL 服务器 ODBC 数据源测试

注意：其中参数 loginname 是登录数据源的用户名字，参数 password 是登录口令。如果在设置数据源的过程中没有设置这两项，那么在 getConnection 方法中也不能省略它们，参数写成 "" 的形式。如果连接数据源不成功，系统将抛出一个 SQLExpection 异常。

现在很容易写出 JSP 和 SQL Server 中 pubs 数据库建立连接的命令。

```
try {Connection con=DriverManager.getConnection("jdbc:odbc:dog", "", "");
catch (SQLException e)  {}
```

6.3　数据库的基本操作

在 JSP 页面中建立了和数据源的连接后，就可以访问数据库了。经常使用的数据库操作包括查询记录、更新记录、删除记录等。要实现这些操作必须使用到几个重要的与 SQL 相关的对象，它们分别是 connection 对象、statement 对象以及 ResultSet 对象。connection 对象用来建立 JSP 与数据源的连接。statement 对象用来声明一个 SQL 语句对象以便向数据库发送 SQL 语句。ResultSet 对象用来调用相应的方法对数据库的表进行查询和更新。并且对数据库的 SQL 查询语句将返回一个 ResultSet 对象。在 JSP 中，JDBC 的 ResultSet 对象一次只能看到一行数据。但是可以调用 next() 方法获得下一行记录。要得到一行记录中的某个字段值，可以用字段所在的列的下标数字（1、2、3 等）或列名，并调用 getxxxx() 方法取得。下面给出 ResultSet 对象中的常用方法，如表 6-1 所示。

表 6-1　ResultSet 对象中的常用方法

返回值类型	方 法 名	参　　数
Boolean	next()	()
Byte	getByte	(int columnIndex)
Date	getDate	(int columnIndex)
Double	getDouble	(int columnIndex)

返回值类型	方法名	参 数
Float	getFloat	(int columnIndex)
Int	getInt	(int columnIndex)
Long	getLong	(int columnIndex)
String	getString	(int columnIndex)
Byte	getByte	(String columnName)
Date	getDate	(String columnName)
Double	getDouble	(String columnName)
Float	getFloat	(String columnName)
Int	getInt	(String columnName)
Long	getLong	(String columnName)
String	getString	(String columnName)

6.3.1 查询数据库中的记录

可以在 JSP 中使用 ResultSet 对象的 next() 方法来查询数据库记录。下面给出例程 ex6-1.jsp 来实现查询 SQL Server 的 pubs 数据库中表 st 的记录的源代码。

ex6-1. jsp

```jsp
<%@ page contentType="text/html;charset=GB 2312"%>
<%@ page import="java.sql.*" %>
<html>
<head>
<title>例程 ex6-1.jsp</title>
</head>
<body>
<%
    Connection con;              //声明数据库连接对象
    Statement  sql;              //声明 SQL 语句对象
    ResultSet  rs;               //声明存放查询结果的记录集对象
    try {
        Class.forName("dog.jdbc.odbc.JdbcOdbcDriver");
        }
    catch (ClassNotFoundException  e )   {}
    try {
        con=DriverManager.getConnection ("jdbc:odbc:dog","sa","");
        sql=con.createStatement();
        rs=sql.executeQuery("Select *  FROM  st");
    out.print("<br><br><br>");
    out.print("<center>");
    out.print("<h1><font color=red>"+"学生基本情况表"+"</h1>");
    out.print("</font>");
    out.print("<table border=2>");
```

```
        out.print("<tr>");
        out.print("<th width=150>"+"学号");
        out.print("<th width=150>"+"姓名");
        out.print("<th width=150>"+"性别");
        out.print("<th width=150>"+"身高");
        out.print("<th width=150>"+"住址");
        out.print("</tr>");
        while(rs.next())
            {
            out.print("<tr>");
            out.print("<td>"+rs.getString("学号")+"</td>");
            out.print("<td>"+rs.getString(2)+"</td>");
            out.print("<td>"+rs.getString(3)+"</td>");
            out.print("<td>"+rs.getFloat("身高")+"</td>");
            out.print("<td>"+rs.getString("住址")+"</td>");
            out.print("</tr>");
            }
        out.print("</table>");
        out.print("</center>");
        con.close();
            }
    catch (SQLException e )   {}
%>
</body>
</html>
```

将 ex6-1. jsp 保存在 D：\Tomcat\Webapps\ROOT 下,然后在 IE 浏览器的地址栏中输入 http://localhost:8080/ex6-1.jsp,结果显示如图 6-11 所示。

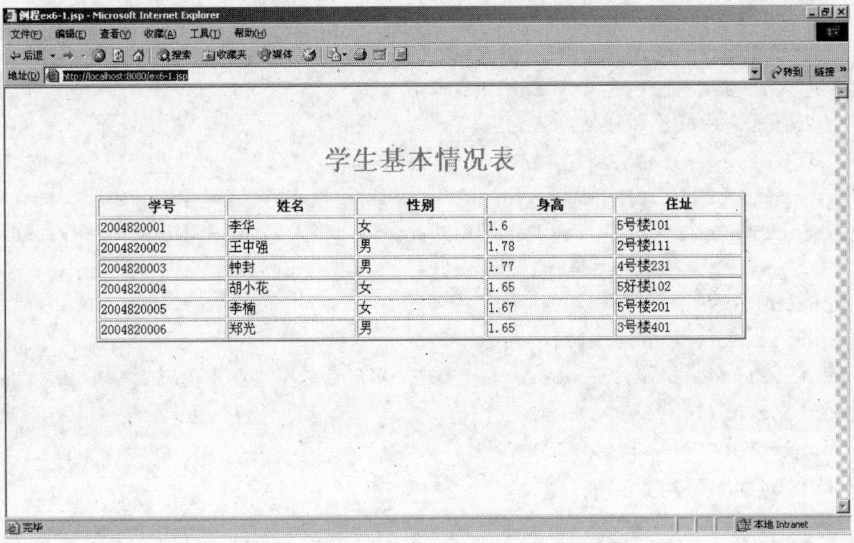

图 6-11   ex6-1.jsp 运行结果

6.3.2 更新数据库中的记录

可以在 JSP 中通过 statement 对象的 executeUpdate() 方法来修改数据库中的记录字段值,或者插入一条新的记录。但需注意每次更新完毕后,都要重新返回 ResultSet 对象来输出结果。下面给出例程 ex6-2.jsp 来实现更新 pubs 数据库中表 st 的记录,其源代码如下。

ex6-2.jsp

```
<head>
<title>例程 ex6-2.jsp</title>
</head>
<body>
<%
    Connection con;                 //声明数据库连接对象
    Statement  sql;                 //声明 SQL 语句对象
    ResultSet  rs;                  //声明存放查询结果的记录集对象
  try {
        Class.forName("dog.jdbc.odbc.JdbcOdbcDriver");
        }
    catch (ClassNotFoundException  e )   {}
  try {
        con=DriverManager.getConnection ("jdbc:odbc:dog","sa","");
        sql=con.createStatement();
        String  condition1="Update st SET  姓名='李花' WHERE 姓名='李华'";
        String  condition2="Insert into st values('200482017','鄂强','男',1.55,
        '3号楼411') ";
        String  condition3="Update st SET  身高=1.66  WHERE 姓名='郑光'";
        String  condition4="Insert into st values('200482033','寇艳','女',1.55,
        '5号楼108') ";
        sql.executeUpdate(condition1);
        sql.executeUpdate(condition2);
        sql.executeUpdate(condition3);
        sql.executeUpdate(condition4);
        out.print("<br><h2><font color=red>"+"修改了2条学生记录!"+"</font></h2>");
        out.print("<br><h2><font color=red>"+"插入了2条学生记录!"+"</font></h2>");
        rs=sql.executeQuery("Select *  FROM st");
    out.print("<br><br><br>");
    out.print("<center>");
    out.print("<h1><font color=red>"+更新后的学生基本情况表"+"</h1>");
    out.print("</font>");
    out.print("<table border=2>");
    out.print("<tr>");
    out.print("<th width=150>"+学号");
```

```
    out.print("<th width=150>"+"姓名");
    out.print("<th width=150>"+"性别");
    out.print("<th width=150>"+"身高");
    out.print("<th width=150>"+"住址");
    out.print("</tr>");
    while(rs.next())
        {
        out.print("<tr>");
        out.print("<td>"+rs.getString("学号")+"</td>");
        out.print("<td>"+rs.getString(2)+"</td>");
        out.print("<td>"+rs.getString(3)+"</td>");
        out.print("<td>"+rs.getFloat("身高")+"</td>");
        out.print("<td>"+rs.getString("住址")+"</td>");
        out.print("</tr>");
        }
    out.print("</table>");
    out.print("</center>");
    con.close();
        }
  catch (SQLException e )    {}
%>
</body>
</html>
```

　　将 ex6-2.jsp 保存在 D：\Tomcat\Webapps\ROOT 下，然后在 IE 浏览器的地址栏中输入 http：//localhost：8080/ex6-2.jsp，结果如图 6-12 所示。

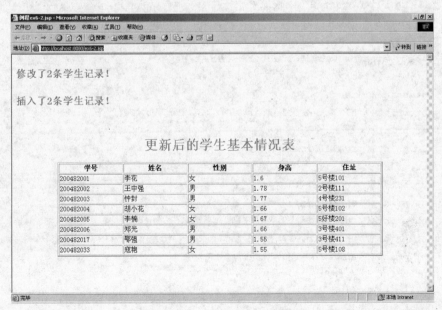

图 6-12　ex6-2.jsp 运行结果

6.3.3　删除数据库中的记录

SQL 语言的 Delete 语句用于删除表中的记录。在 JSP 中可以通过 statement 对象的 executeUpdate()方法,并且使用删除 SQL 语句作为该方法的参数来实现对数据库中记录的删除。但需注意每次删除完毕后,都要重新返回 ResultSet 对象来存放新的输出结果。下面给出例程 ex6-3.jsp 来实现删除 pubs 数据库中表 st 的记录,其源代码如下。

ex6-3.jsp

```
<%@ page contentType="text/html;charset=GB 2312"%>
<%@ page import="java.sql.*" %>
<html>
<head>
<title>例程 ex6-3.jsp</title>
</head>
<body>
<%
    Connection con;                    //声明数据库连接对象
    Statement  sql;                    //声明 SQL 语句对象
    ResultSet  rs;                     //声明存放查询结果的记录集对象
  try {
        Class.forName("sun.jdbc.odbc.JdbcOdbcDriver");
        }
    catch (ClassNotFoundException  e )    {}
    try {
        con=DriverManager.getConnection ("jdbc:odbc:sun","sa","");
        sql=con.createStatement();
        String  condition1="Delete from st   WHERE 姓名='钟封'";
        String  condition2="Delete from st   WHERE 姓名='胡小花'";
    rs=sql.executeQuery("Select * FROM  st");
    out.print("<br>");
    out.print("<center>");
    out.print("<h1><font color=red>"+"原学生基本情况表"+"</h1>");
    out.print("</font>");
    out.print("<table border=2>");
    out.print("<tr>");
    out.print("<th width=150>"+"学号");
    out.print("<th width=150>"+"姓名");
    out.print("<th width=150>"+"性别");
    out.print("<th width=150>"+"身高");
    out.print("<th width=150>"+"住址");
    out.print("</tr>");
    while(rs.next())
        {
        out.print("<tr>");
```

```
            out.print("<td>"+rs.getString("学号")+"</td>");
            out.print("<td>"+rs.getString(2)+"</td>");
            out.print("<td>"+rs.getString(3)+"</td>");
            out.print("<td>"+rs.getFloat("身高")+"</td>");
            out.print("<td>"+rs.getString("住址")+"</td>");
            out.print("</tr>");
            }
    out.print("</table>");
            sql.executeUpdate(condition1);
            sql.executeUpdate(condition2);
            out.print("<br>");
            out.print("<br><h2><font color=red>"+"删除了2条学生记录!"+"</font></h2>");
            rs=sql.executeQuery("Select * FROM  st");
    out.print("<br>");
    out.print("<h1><font color=red>"+"现学生基本情况表"+"</h1>");
    out.print("</font>");
    out.print("<table border=2>");
    out.print("<tr>");
    out.print("<th width=150>"+"学号");
    out.print("<th width=150>"+"姓名");
    out.print("<th width=150>"+"性别");
    out.print("<th width=150>"+"身高");
    out.print("<th width=150>"+"住址");
    out.print("</tr>");
    while(rs.next())
        {
        out.print("<tr>");
        out.print("<td>"+rs.getString("学号")+"</td>");
        out.print("<td>"+rs.getString(2)+"</td>");
        out.print("<td>"+rs.getString(3)+"</td>");
        out.print("<td>"+rs.getFloat("身高")+"</td>");
        out.print("<td>"+rs.getString("住址")+"</td>");
        out.print("</tr>");
        }
    out.print("</table>");
    out.print("</center>");
    con.close();
        }
  catch (SQLException e )    {}
%>
</body>
</html>
```

　　将 ex6-3. jsp 保存在 D：\Tomcat\Webapps\ROOT 下,然后在 IE 浏览器的地址栏中输入 http://localhost:8080/ex6-3.jsp,结果如图 6-13 所示。

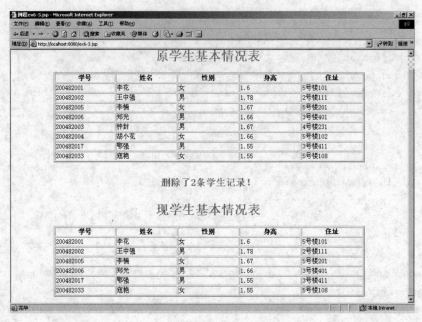

图 6-13　ex6-3.jsp 运行结果

本 章 小 结

　　目前实现动态网页的技术主要包括以下 4 种：CGI、ASP、PHP 和 JSP。其中 JSP 是由 Sun 公司于 1999 年 6 月推出的新技术，是基于 Java Servlet 以及整个 Java 体系的 Web 开发技术。利用这一技术可以建立先进、安全和跨平台的动态网站。其主要优点包括：适应平台的多样化；可重用的组件技术；执行效率大为提高；强大的数据库连接技术；JSP 的开发工具有很多种。本章主要介绍了 JDK 1.3＋Tomcat 4.0 的开发环境，搭建 JSP 运行环境需要先安装 JDK 1.3 和 Tomcat 4.0，然后设置 JSP 运行所需要的环境变量，最后启动 Tomcat 服务器，在 IE 地址栏中输入 http://localhost：8080，当出现小老虎的欢迎界面时标志着 JSP 环境配置成功了。

习题及实训

　　1. 简述 JDBC 和 ODBC 的联系。

　　2. 试说明在 JSP 页面中如何访问数据库。

　　3. 在 Windows 2000（Advanced Server 版）环境下手工配置和 SQL Server 中数据库 Northwind 的连接。

　　4. 按如图 6-14 所示，在 SQL Serevr 中 pubs 数据库中建立一个学生成绩表 score，要求编写一个 JSP 程序实现：

　　（1）删除姓名＝"李明"的记录。

　　（2）插入记录（20056，马建花，81，85，67）。

学生成绩表				
学号	姓名	大学英语	高等数学	C语言程序设计
200012	李明	77	84	56
200035	张梨花	89	90	96
200028	孙海亮	84	77	80

图 6-14　学生成绩表界面

(3) 修改记录(20035,张梨花,89,90,96)为(20035,张梨花,89,94,90)。

第7章　JSP 表单处理

本章要点

　　一般情况下,所设计的网页都是向网上发布信息的,允许其他浏览者查看。但如果要实现用户和网络之间的信息交互,比如在网络上进行质量调查、电子购物、人才招聘、远程交易时,就必须在网页上创建表单,然后使用特定方法收集表单数据并进行处理。本章介绍表单的创建,表单在客户端及服务器端确认的方法,JSP 与客户之间的交互。

7.1　表单设计使用的标记

　　大家应该对表单很熟悉,随便进入一个网站,如果你想在线注册成为该网站的会员,就必须填写一张表单,然后提交给服务器处理。图 7-1 显示的就是新浪网站的会员注册表单。

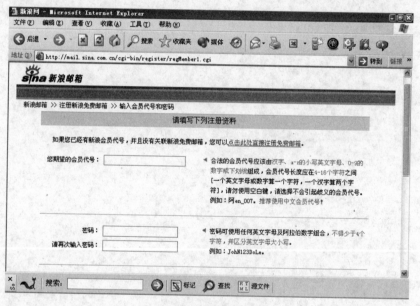

图 7-1　新浪会员注册表单

　　表单在 HTML 页面中起着非常重要作用,它是实现与用户信息交互的重要手段。如图 7-1 所示,一个表单至少应该包括说明性文字、用户填写的表格、提交和重填按钮等内容。用户填写了所需的资料之后,按下"提交资料"按钮,所填资料就会通过一个专门的接口传到Web 服务器上。经服务器处理后将结果反馈给用户,从而完成用户和网络之间的交流。

　　一般情况下,表单设计时使用的标记包括⟨form⟩、⟨input⟩、⟨option⟩、⟨select⟩、⟨textarea⟩和⟨isindex⟩。

1.⟨form⟩表单标记

　　其基本语法结构如下:

```
<form action=url method=get|post name=value onreset=function onsubmit=function>
</form>
```

action 属性：设置或获取表单内容要发送处理的 URL。这样的程序通常是 CGI 应用程序，采用电子邮件方式时，用 action＝"mailto：目标邮件地址"。

method 属性：指定数据传送到服务器的方式。有两种主要的方式，当 method＝get 时，将输入数据加在 action 指定的地址后面传送到服务器；当 method＝post 时则将输入数据按照 HTTP 传输协议中的 post 传输方式传送到服务器，用电子邮件接收用户信息采用这种方式。

name 属性：用于设定表单的名称。

onrest 属性(onsubmit 属性)：设定了在按下 reset 按钮(submit 按钮)之后要执行的子程序。

2. 〈input〉表单输入标记

其基本语法结构如下：

```
<input    name=value
type=text|textarea|password|checkbox|radio|submit|reset|file|hidden|image|button
value=value
src=url
checked
maxlength=n
size=n
onclick=function
onselect=function>
```

属性 name 设定当前变量名称。

属性 type 的值决定了输入数据的类型。其选项较多，各项的意义如下：

type＝text：表示输入单行文本；

typet＝textarea：表示输入多行文本；

type＝password：表示输入数据为密码，用星号表示；

type＝checkbox：表示复选框；

type＝radio：表示单选按钮；

type＝submit：表示提交按钮，数据将被送到服务器；

type＝reset：表示清除表单数据，以便重新输入；

type＝file：表示插入一个文件；

type＝hidden：表示隐藏按钮；

type＝image：表示插入一个图像；

type＝button：表示普通按钮；

type＝value：用于设定输入默认值，即如果用户不输入的话，就采用此默认值；

type＝src：是针对 type＝image 的情况来说的，设定图像文件的地址。

属性 checked 在 type 取值 radio/checkbox 时有效，表示该项被默认选中。

属性 maxlength 在 type 取值 text 时有效，表示最大输入字符的个数。

属性 size 在 type 取值 texyarea 时有效，表示在输入多行文本时的最大输入字符个数。

属性 onclick 表示在单击鼠标左键时调用指定的子程序。

属性 onselect 表示当前项被选择时调用指定的子程序。

3.〈select〉下拉菜单标记

〈select〉标记用于在表单中插入一个下拉菜单,它需与〈option〉标记配合使用,其基本语法结构如下:

```
<select  name=nametext  size=n  multiple>
    <option  selected  value=value>
    ...
    <option  selected  value=value>

</select>
```

属性 name 设定下拉式菜单的名称。

属性 size 设定一次显示菜单项的个数,默认值=1。

属性 multiple 表示可以进行多选。

〈option〉标记表示下拉菜单中一个选项。

属性 selected 表示当前项被默认选中。

属性 value 表示该选项对应的值,在该项被选中之后,该项的值就会被送到服务器进行处理。

4.〈textarea〉多行文本输入标记

其基本语法结构如下:

```
<textarea  name=name  cols=n  rows=n  wrap=off|hard|soft>
</textarea>
```

属性 name 表示文本框名称。

属性 clos、rows 分别表示多行文本输入框的宽度和高度(行数)。

属性 wrap 进行换行控制,当 wrap=off 时不自动换行;当 wrap=hard 时自动硬回车换行,换行标记一同被传送到服务器中去;当 wrap=soft 时自动软回车换行,换行标记不会传送到服务器中去。

下面给出表单实例 ex7-1.html,介绍一些常用标记的应用技巧。

ex7-1.html

```
<%--表单实例,ex7-1.html 文件代码--%>

<%@page contentType="text/html;charset=GB 2312"%>
<html>
    <head><title>表单</title><head>
<body>
<form method="POST" action="">
<p align="center">用户注册</p>
<p align="center">
您的尊姓大名:<input type="text" name="User" size="20">    
您的密码:<input type="password" name="pwd" size="20"></p><br><br>
<p>你最喜欢的运动:
```

```
<input type="checkbox" name="sports" value=football>足球
<input type="checkbox" name="sports" value=bastketball>排球
    
您的性别:
<input type="radio" name="sexy" value=male>男
<input type="radio" name="sexy" value=female>女 </p><br><br>
<p>请填写一条您最欣赏的一句话:</p>
<textarea name="Computer" rows=6  cols=64>
    不经历风雨,怎么才能见到彩虹。
</textarea><br><br>
您的家庭所在地:
<select  name="area" style="width"50"  size="1">
    <option value="北京"   selected >福州 </option>
    <option value="天津" >厦门 </option>
    <option value="上海" >泉州 </option>
    <option value="重庆" >三明 </option>
</select>
<br><br>
<p>你最喜欢的小动物的图片
<input type="image" name="os" src="c:\image\mycat.jpg">
    
<input type="submit" value=" 我要提交">
<input type="reset" value="全部重填"></p>
</form>
</body>
</html>
```

该程序运行结果如图 7-2 所示。

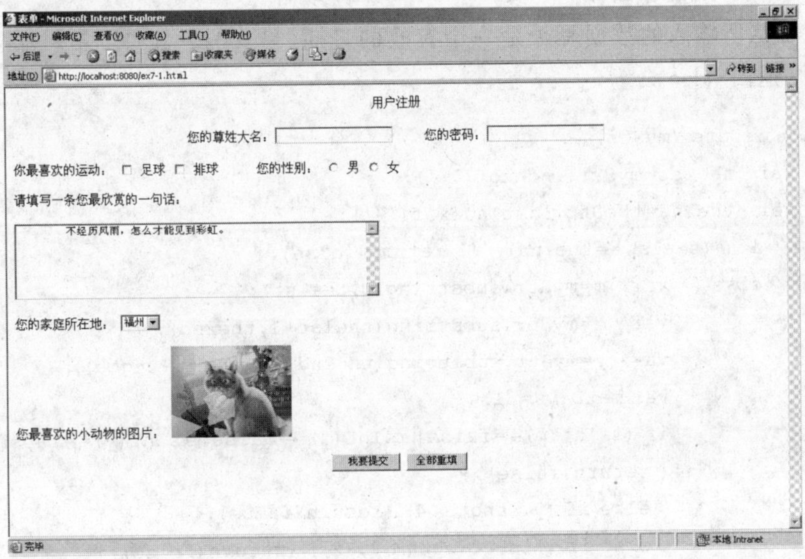

图 7-2　ex7-1.html 运行结果

7.2 表单在客户端的确认

7.2.1 表单在客户端确认的利弊

通过 7.1 节的学习,已经认识到当用户填写完表单数据后,应将表单提交,然后由服务器端一个特定的程序来处理表单数据。然而有一个过程我们不能忽视,那就是表单确认的过程。换句话说,确认用户填写的表单数据是否合法,比如姓名输入框中是否填写了内容,密码输入框中所输入的密码的倍数是否正确等。在客户端脚本技术出现之前,确认表单只能在服务器端完成,但是这样不仅会占用服务器端资源,也会占用网络资源。特别是用户多次修改表单数据仍不符合要求,那么就需要不断地网络连接和服务器响应,效率较低。但如果在网页中引入了客户端脚本技术(JavaScript),即将表单确认程序跟随网页一起从服务器端下载到客户端的浏览器上,这样当用户填写完表单中的数据后,提交时就可以由浏览器解释执行表单确认程序,而无需服务器端响应,从而大大减轻了网络负载并提高了响应速度。很明显,用户的等待时间减少了。

当然,考虑到客户端浏览器的多样化,特别是不同浏览器所支持的脚本语言不完全相同,因此,不能保证数据一定能够在浏览器被确认。如果客户端所安装的浏览器是 IE5.0 以上的版本,那么表单是可以在客户端被确认的。

7.2.2 表单在客户端确认的方法

下面介绍一些用 JavaScript 编写的函数,这些函数经常用来进行客户端表单的确认。可以将这些常用的函数存放到一个文件中(比如 Jspconfirm.js),然后将此文件包含到编写的网页中,当然也可以根据需要在网页中单独引用。

1. isDate()日期确认函数

功能:确认所输入的数据是否是一个有效的日期(格式为:月/日/年),如果是函数返回 true,否则返回 false。

```
function isDate (myStr)
    { var  the1st=myStr.indexof('/');
      var  the2nd=theStr.lastIndexof('/');
        if  (the1st==the2nd)  { return(false);}
        else {  var  m=myStr.substring(0,the1st);
               var  d=myStr.substring(the1st+1,the2nd);
               var  y=myStr.substring(the2nd+1, myStr.length);
               var maxDays=31;
               if (isInt(m)==false||isInt(d)==false||isInt(y)==false)
               { return(false);}
                else if (y.length<4) {return(false);}
                else if (!isBetween(m,1,12)) {return(false);}
                else if (m==4||m==6||m==9||m==11)  maxDays=30;
              else if (m==2) {if (y%4 >0)  maxDays=28; else  maxDays=29;}
```

```
                    if (isBetween(d,1,maxDays)==false) {return(false);} else
                                              {return(true);}
                }
        }
```

2. isBetween（val,low,high）范围确定函数

功能：确认所输入的数据是否位于参数 low 和 high 之间，如果是函数返回 true,否则返回 false。

```
function isBetween(val,low,high)
    {
        if ((val<low)||(val>high) { return(false); }
            else {return(true);}
        }
```

3. isTime（）时间确认函数

功能：确认所输入的数据是否是一个合法的时间值（格式为 HH：MM）。如果是函数返回 true,否则返回 false。

```
function isTime (timeStr)
    { var colondex=myStr.indexof( :');
        if (colonDex<1)||(colonDex>2)) { return(false);}
        else { var hh=timeStr.substring(0, colonDex);
                var ss=timeStr.substring(colonDex+1, timeStr.length);
        if ((hh.length<1)||(hh.length>2)||(!isInt(hh))) {return(false);}
        else if ((ss.length<1)||(ss.length>2) (!isInt(ss))) {return(false);}
        else if ((!isBetween (hh,0,23))||(!isBetween (ss,0,59))){return(false);}
            else {return(true);}
        }
    }
```

4. isDigit（myNum）数字确认函数

功能：确认所输入的数据是否是一个合法数字。如果是函数返回 true,否则返回 false。

```
function isDigit(myNum)
    { var mask='0123456789';
        if (isEmpty(myNum)) {return(false);}
        else if (mask.indexOf(myNum)==-1) {return(false);}
            return(true); }
```

5. isEmail（myStr）电子邮件确认函数

功能：确认所输入的数据是否是一个合法的电子邮件地址。如果是函数返回 true,否则返回 false。

```
function isEmail(myStr)
    { var atIndex=myStr.indexOf('@');
        var dotIndex=myStr.indexOf('.',atIndex);
```

```
        var flag=true;
        theSub=myStr.substring(0,dotIndex+1);
        if  ((atIndex<1)||(atIndex!=myStr.lastIndexOf('@'))||(dotIndex<atIndex+
        2)||(myStr.length<=theSub.length))  {flag=false};}
        else {flag=true;}
            return(flag);
    }
```

6. isEmpty(myStr)

功能：确认所输入的数据是否为空。如果为空函数返回 true,否则返回 false。

```
function  isEmpty(myStr)
    {  if  ((myStr==null)||(myStr.length==0))  return(true);
        else  return(false);    }
```

7. isInt(myStr)

功能：确认所输入的数据是否是一个合法的整数。如果是函数返回 true,否则返回
false。

```
function  isInt(myStr)
        {  var flag=true;
          if  ( isEmpty(myStr))  { flag=false}; }
          else {for (var i=0;i<myStr.length;i++)
                    {if (isDigit(myStr.substring(i,i+1))==false)
                      {  flag=false; break;}
                    }
                }
          return(flag);
        }
```

8. isReal(myStr,decLen)

功能：确认所输入的数据是否是一个合法的实数。如果是函数返回 true,否则返回
false。

```
function  isReal(myStr,decLen)
    {  var dot1st=myStr.indexOf('.');
        var dot2nd=myStr.lastIndexOf('.');
        var flag=true;
    if  (isEmpty(myStr))  return(false);
    if  (dot1st=-1)
        {if (!isInt(myStr))  return(false);
        else return(true);}
    else if (dot1st!=dot2nd ) return (false);
      else if (dot1st==0) return (false);
        else {
                var  intPart=myStr.substring(0,dot1st);
```

```
          var  decPart=myStr.substring(dot2nd+1);
          if (decPart.length>decLen) return(false);
          else  if (!isInt(intPart)||!isInt(decPart)) return (false);
              else  if (isEmpty(decPart)) return (false);
                      else return(true);
          }
      }
```

7.2.3　表单在客户端的确认实例

以下程序 ex7-2. html 将在客户端实现对表单的确认,防止用户输入的密码为空。

ex7-2. html

```
<%--表单例子,ex7-2.html 文件代码--%>

<%@ page contentType="text/html;charset=GB 2312"%>
<html>
<head><title>表单</title></head>
<SCRIPT language="JavaScript" src="JSPconfirm.js">
</SCRIPT>
<SCRIPT language=JavaScript >
function  formcheck(Fm)
{ var flag=true;
   if(isEmpty(Fm.pwd.value))
      {   alert("您没有输入密码,请重新输入!");
          Fm.pwd.focus();
          flag=false;
      }
return  flag;
}
</SCRIPT>
<body>
<form method="POST" name=Fm  Onsubmit="return formcheck(this) ">
   <p align="center">密码:<input type="password" name="pwd" size="20"><br></p>
   <p align="center"><input type="submit" name="Submit" value="我要提交"><br></p>
</form>
</body>
</html>
```

例程 ex7-2. html 运行时,当用户输入的密码为空时,浏览器的显示结果如图 7-3 所示。

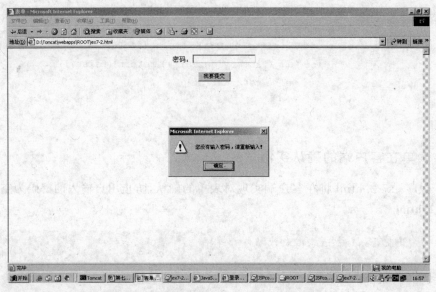

图 7-3　密码为空时的 ex7-2.html 运行结果

7.3　JSP 与客户端的交互

通过 7.3 节的学习，发现在 HTML 文档中插入合适的 JavaScript 脚本就能实现表单数据在客户端的确认。尽管这种确认是比较简单的，但实际上已经属于一种简单的人机交互。而大多数情况下，我们在进行网页设计时是借助于服务器来完成交互过程的。这个过程可以分为两个阶段：第一步，客户端浏览器通过表单获得用户输入信息，然后将信息传送到服务器端；第二步，服务器提取客户端发来的信息，进行相应的处理后再将结果传回到客户端。下面以表单为例介绍 JSP 与客户端交互过程中的实现方法。

7.3.1　从表单中提取参数

通过一个实例来讲述 JSP 是如何提取客户端表单中的数据的，首先建立一个 HTML 表单的 ex7-3.html 源代码如下。

ex7-3.html

```
<html>
<head>
<title>用户注册网页</title>
<head>
<body>
< form method="POST" action="formget.jsp ">
<p align="center">用户注册</p>
<p align="center">
您的尊姓大名：< input type="text" name="user" size="20">
<br><br>
```

```
您的密码: <input type="password" name="pwd" size="20">
<br><br>
您的性别:
<input type="radio" name="sex" value="男">男
<input type="radio" name="sex" value="女">女
<br><br>
您最喜欢的颜色:
<br>
<input type="radio" name="likecolor" value="红色">红色
<br>
<input type="radio" name="likecolor" value="黄色">黄色
<br>
<input type="radio" name="likecolor" value="蓝色">蓝色
<br>
<input type="radio" name="likecolor" value="白色">白色
<br>
<input type="radio" name="likecolor" value="黑色">黑色
<br><br>
<input type="submit" value=" 我要提交">
<input type="reset" value="全部重填">
</p>
</form>
</body>
</html>
```

该网页在浏览器上的显示结果如图 7-4 所示。

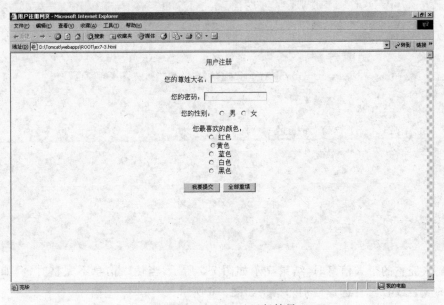

图 7-4   ex7-3.html 运行结果

下面是服务器端的表单信息提取程序 formget.jsp 的源代码。

formget. jsp

```
<html>
<head>
<title>用户注册网页信息提取</title>
</head>
<body>
<%
String  username=request.getParameter("user");
String  pwdinfo=request.getParameter("pwd");
String  sexinfo=request.getParameter("sex");
String  colorinfo=request.getParameter("likecolor");

    out.println("<br>");
    out.println("您的姓名：");
    out.println(username);
    out.println("<br>");
    out.println("<br>");
    out.println("您的密码：");
    out.println(pwdinfo);
    out.println("<br>");

if(sexinfo==null) out.println("很抱歉,您没有选择性别!");
  else
  {  out.println("<br>");
    out.println("您的性别：");
    out.println(sexinfo);
    out.println("<br>");
  }
if(colorinfo==null) out.println("很抱歉,您没有选择您喜欢的颜色!");
    else
  {  out.println("<br>");
    out.println("您喜欢的颜色：");
    out.println(colorinfo);
  }

%>
</body>
</html>
```

当输入完整的个人信息时,结果显示如图 7-5 所示,当输入信息不完整时(例如没有输入喜欢的颜色或者没有选择性别),结果如图 7-6 所示。

从这个程序中不难发现 JSP 主要是通过 request. getParameter()方法来提取表单中的数据的,但需要注意的是,在编写表单时;对于表单中任一元素的 name 必须赋值,因为 JSP

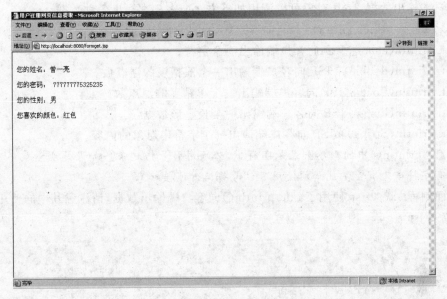

图 7-5　输入完整时的 ex7-3.html 运行结果

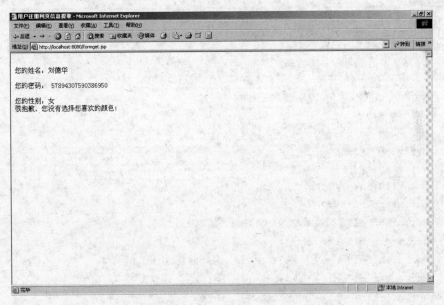

图 7-6　输入不完整时的 ex7-3.html 运行结果

调用 request 对象的方法 getParameter()时,正是将 name 值作为该方法的形参来提取表单中相应元素中的输入数据的。

7.3.2　向客户端输出数据

向客户端输出数据是 JSP 与客户机交互的一个重要组成部分。例程 formget.jsp 中的 out.println 就是一种向客户端输出数据的方法。通常 JSP 向客户端输出数据的方法主要包括两种,一种是使用内置对象 out,因为 out 对象中包含了一个重要的方法 println(),用来向客户端输出数据。out 对象可以调用如下方法向客户端输出各种数据。

（1）out. println(boolean)：JSP 向客户端输出一个布尔值。

out. println(char)：JSP 向客户端输出一个字符。

out. println(double)：JSP 向客户端输出一个双精度的浮点数。

out. println(float)：JSP 向客户端输出一个单精度的浮点数。

out. println(long)：JSP 向客户端输出一个长整形数据。

out. println(String)：JSP 向客户端输出一个字符串对象的内容。

注意：println()中的形参如果是字符串，必须用引号括起来。如果是变量就不需要了。如果既有字符串又有变量就必须使用"＋"号将二者连接起来。

下面例程 ex7-4. jsp 使用了 out. println()向客户端输出数据，请注意其中的使用方法。

ex7-4. jsp

```
<html>
<head>
<title>例程 ex7-4.jsp</title>
</head>
<body>
<%
    boolean    flag=true;
    int        x=118;
    long       y=911;
    String     myname="刘德华";
    out.println(flag);
    out.println("<br><br>");
    out.println(x);
    out.println("<br><br>");
    out.println(y);
    out.println("<br><br>");
    out.println("我最喜欢听"+myname+"的歌曲");
    out.println("<br><br>");
    out.println("我听过"+x+"首"+myname+"的歌曲");
    out.println("<br><br>");
    out.println("<h1><font color=red>"+myname+"</h1></font>");
%>
</body>
</html>
```

该程序在浏览器中执行的效果如图 7-7 所示。

JSP 向客户端输出数据的另外一种方法是使用"＝"运算符，这种方法相对第一种方法比较简单，其格式为〈％＝［变量｜字符串］〉，使用该方法改写例程 ex7-4. jsp 的源代码如下：

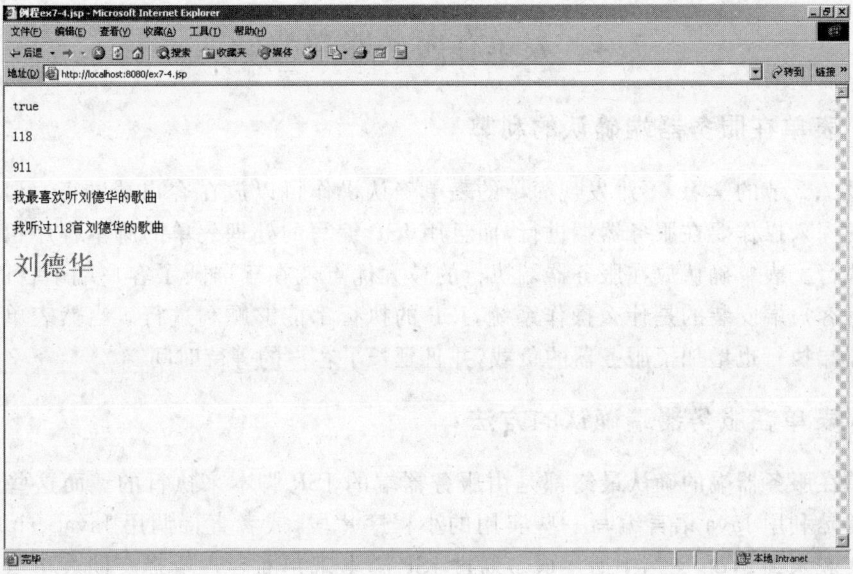

图 7-7 ex7-4.jsp 运行结果

```
<html>
<head>
<title>例程 ex7-4.jsp</title>
</head>
<body>
<%
    boolean   flag=true;
    int       x=118;
    long      y=911;
    String    myname="刘德华";
%>
<%=flag   %>
<%="<br><br>" %>
<%=x      %>
<%="<br><br>" %>
<%=y      %>
<%="<br><br>" %>
<%=flag   %>
<%="<br><br>" %>
<%=flag   %>
<%="<br><br>" %>
<%="我最喜欢听"+myname+"的歌曲"   %>
<%="<br><br>" %>
<%="我听过"+x+"首"+myname+"的歌曲"   %>
</body>
</html>
```

7.4　表单在服务器端的确认

7.4.1　表单在服务器端确认的利弊

通过 7.2 节的学习,不难发现简单的表单确认操作可以放在客户端进行。但是对表单中数据的深入操作要在服务器端进行,而且用 JSP 编写的处理表单的脚本程序也必须在服务器端执行。表单确认放在服务器端执行的最大优点就在于屏蔽了客户端平台的异构性,因为不管客户端安装的是什么操作系统,JSP 的执行都能够顺利进行。当然表单的确认放在服务器端执行也增加了服务器的负载,并且延长了客户的等待时间。

7.4.2　表单在服务器端确认的方法

表单在服务器端的确认最终都是由服务器端的 JSP 脚本来执行的。而这些 JSP 脚本程序通常是利用 Java 语言编写一些实用的小程序片段,或者直接调用 JavaScript 的函数,然后将其嵌入到 Web 文档中所生成。通过 JSP 脚本来判断客户端提交的表单数据是否合法,从而保证表单数据的正确性。

下面通过例程 ex7-5.jsp 来说明表单在服务器端确认的过程。首先建立表单程序ex7-3.html,其源代码如下。

ex7-3.html

```
<html>
<head><title>服务器端确认</title><head>
<body>
<form method="POST" name="frm1" action="ex7-5.jsp">
<p align="center">用户登录
<p align="center">
您的尊姓大名:<input type="text" name="name" size="20">    
您的密码:<input type="password" name="pwd" size="20"><br><br>
<input type="submit" value="我要提交">
<input type="reset" value="全部重写"></p>
</form>
</body>
</html>
```

该程序在浏览器中显示的结果如图 7-8 所示。

服务器端的 JSP 脚本程序 ex7-5.jsp 的源代码如下。

ex7-5.jsp

```
<%@ page contentType="text/html;charset=GB 2312"%>
<html>
<head><title>表单确认脚本 ex7-5.jsp</title></head>
<body>
<%
```

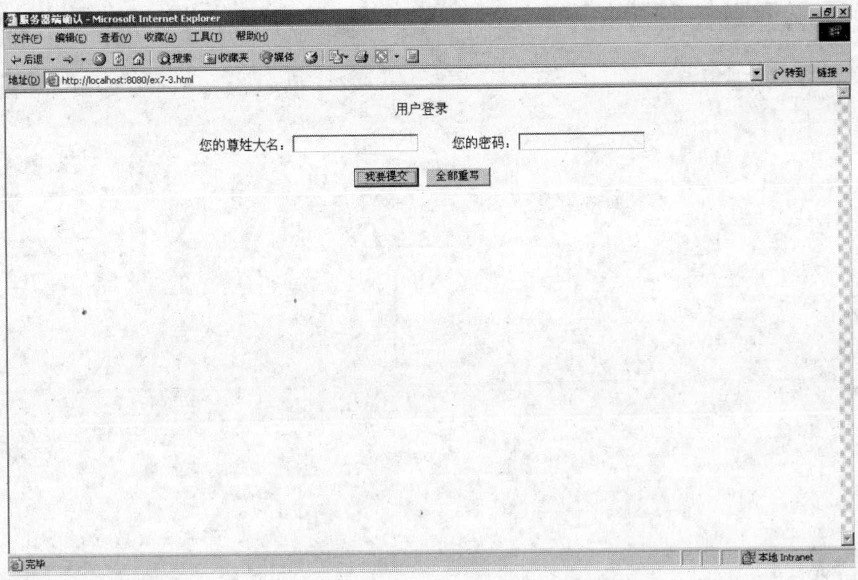

图 7-8　ex7-3.html 运行结果

```
    String name=request.getParameter("name");
    String pwd=request.getParameter("pwd");
    if((name!=null)&&(!name.equals("")))
    {
    name=new String(name.getBytes("ISO8859_1"),"GB 2312");
    out.println("您的尊姓大名："+name+"<br>");
    out.println("您的密码："+pwd+"<br>");
    }
    else{
%>
<p align="center">很抱歉,您没有输入用户名!</p><br><br>
<form method="POST" name="frm1" action="ex7-5.jsp">
<p align="center">用户登录
<p align="center">
用户名：<input type="text" name="name" size="20" value="<%=name%>">
    
密码：<input type="password" name="pwd" size="20" value="<%=pwd%>"><br><br>
<input type="submit" value=" 提交">
<input type="reset" value="全部重写"></p>
</form>
<%}%>
</body>
</html>
```

　　当用户在表单中没有输入姓名时,提交后经服务器端 ex7-5.jsp 确认后,显示结果如图 7-9 所示。填写完整信息经确认后结果显示如图 7-10 所示。

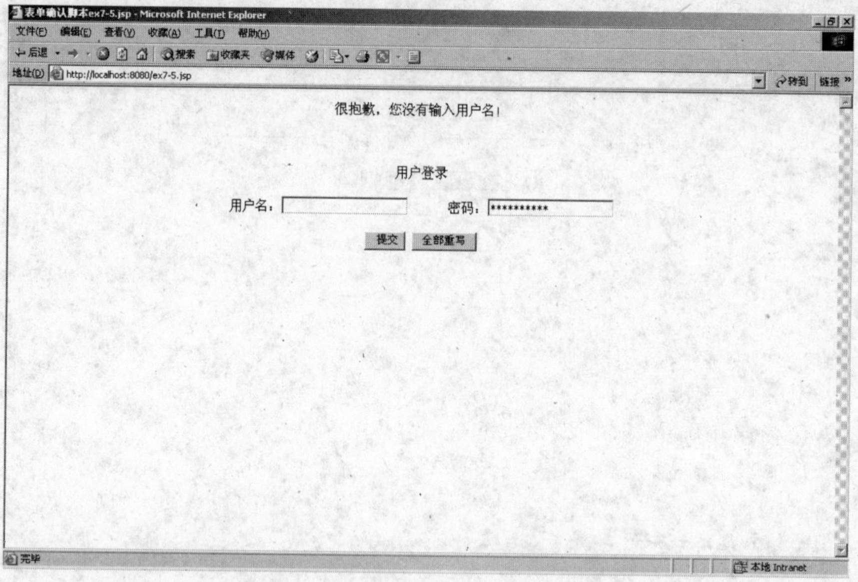

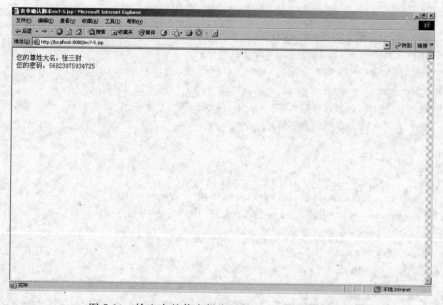

图 7-9　没有输入姓名提交后的 ex7-5.jsp 运行结果

图 7-10　输入完整信息提交后的 ex7-5.jsp 运行结果

注意：在 ex7-5.jsp 程序中，使用 page 指令定义了该 JSP 页面的 ContentType 属性的值为"text/html;charset=GB 2312"，这样页面中就可以显示标准的汉语了。使用 request 对象的 getParameter()方法来获取表单中的姓名数据和密码数据，并将其分别存放在字符串变量 name 及 pwd 中，为防止用户名为空，设置了 if 语句，其中 if 条件利用了 String 类的一个方法 equals()，该方法是将一个字符串作为其参数然后和另一字符串变量进行比较，如果相等返回 true，否则为 false。该程序中将字符串变量 name 和空串进行比较来判定姓名是否为空是一种很重要的判定方法，请大家牢记。

本 章 小 结

表单在 HTML 页面中起着非常重要作用,它是实现与用户信息交互的重要手段。本章详细介绍了表单在客户端的确认以及在服务器端的确认技术,需要重点掌握 JavaScript 常用函数以及服务器端表单处理脚本程序的编写。

习题及实训

1. 网页中的表单如何定义? 通常表单中包含哪些元素?
2. 表单在客户端确认有什么优缺点?
3. 表单在服务器端确认有什么优缺点?
4. 请利用表单技术编写"个人情况登记表"网页,网页中包含姓名、年龄、身高、婚否、身份证号、个人爱好、个人简述,并要求在客户端作简单的确认,要求姓名不能为空。

第8章 Java Servlet 技术

本章要点

Java Servlet 是一些 Java 组件构成的，这些组件能够动态扩展 Web 服务器的功能，整个的 Java 的服务器端编程就是基于 Servlet 的。Sun 公司推出的 JSP 就是以 Java Servlet 为基础，所有的 JSP 文件都要事先转变成一个 Servlet，即一个 Java 文件才能运行。本章将对 Java Servlet 进行较为详细的介绍，使读者能通过 Servlet 开发 Web 应用程序。

8.1 什么是 Servlet

8.1.1 Servlet 的概念

Servlet 是用 Java 编写的 Server 端程序，它与协议和平台无关。Servlet 运行于请求/响应模式的 Web 服务器中。Java Servlet 有动态地扩展 Server 的能力，由于 Servlet 本身就是一个 Java 类，所以基于 Java 的全部特性（面向对象、数据库访问、多线程处理）都能够访问。而这些特性是编写高性能 Web 应用程序的关键。

Servlet 由支持 Servlet 的服务器的 Servlet 引擎负责管理运行。那么，Servlet 引擎又是什么呢？为了说明它，先解释一下插件这个概念。插件英文翻译为 Plug-in，其实就是一个程序。但它必须遵循一定规范的应用程序编程接口。简单点儿说，一个插件就是一种新功能。一个优秀的软件也并非十全十美，因为软件起初设计时功能比较完善，但是随着时间的推移可能会出现功能漏洞，此时若加装某个插件，就能弥补软件功能的不足，使得软件不断得以发展。而插件的设计者不一定就是该软件开发商，完全可能是其他软件厂商，可以称他们为第三方。事实在大多数情况下 Servlet 引擎就是第三方提供的插件，它由厂商专用的技术连接到 Web 服务器，Servlet 引擎的作用就是将用户向服务器端提交的 Servlet 请求（用户也可能向服务器提交的是非 Servlet 请求，比如普通的 HTML 页面请求）截获下来进行处理。

Servlet 的运行方式和 CGI 很相似。它们都是被来自于客户端的请求所唤醒。但是二者之间又存在着差别，在传统的 CGI 中，每个请求都要启动一个新的进程，如果 CGI 程序本身的执行时间较短，启动进程所需要的开销很可能反而超过实际执行时间。而 Servlet 引擎为每个客户的请求创建一个线程而不是进程，由于线程本身不分配资源而是从进程那里继承资源。打个比方，班主任向同学们布置打扫卫生的任务，班主任本身不参与，但是班主任提供很多打扫卫生的工具（扫帚、抹布等），真正干活的是学生，班主任就像进程，而学生如同线程，工具就是资源，学生没有工具但是可以从班主任那里得到（继承资源）。每个学生都可以独自完成相应的打扫任务，这样一来整个打扫卫生的任务就很快得以完成。相反，让每个学生自己找工具打扫卫生就会影响整个任务完成的效率。在传统 CGI 中，如果有 N 个并发的对同一 CGI 程序的请求，则该 CGI 程序的代码在内存中重复装载了 N 次；而对于

Servlet,处理请求的是 N 个线程,只需要一份 Servlet 类代码。在性能优化方面,Servlet 也比 CGI 有着更多的选择,例如缓冲以前的计算结果,保持数据库连接的活动等。显然,Servlet 相对 CGI 而言效率要高得多。

JavaSoft 的 Java Web Server 是最早支持 Servlet 的技术。此后,一些其他的基于 Java 的 Web Server 开始支持标准的 Servlet API。Servlet 的主要功能在于交互式地浏览和修改数据,生成动态 Web 内容。这个过程包括以下 4 个阶段:

(1) Client 向 Server 发送请求。

(2) Server 将请求信息发送至 Servlet。

(3) Servlet 根据请求信息生成响应内容(包括静态或动态的内容)并将其传给 Server。

(4) Server 将响应返回给 Client。

有一点需要说明的是,虽然 Servlet 看起来像是通常的 Java 程序,很像 Java Applet (Java 小程序),但二者是不同的,表 8-1 说明了它们之间的差异。

表 8-1　Java Applet 与 Java Servlet 的差异

Java 技术	运行位置	派生情况	初始化过程
Java Applet	Server	Java. applet. Applet	客户端的浏览器
Java Servlet	Client	Javax. servlet 包的 HttpServlet	支持 Servlet 的服务器

8.1.2　Servlet 的生命期

Servlet 从创建到最后消亡要经历一个过程,就像人的生命一样,把这一过程成为 Servlet 的生命期。Servlet 的生命期包括以下三个过程:

(1) Servlet 的初始化:当 Servlet 第一次被请求加载时,服务器初始化这个 Servlet,换句话说,就是创建一个 Servlet 对象,对象调用 init()方法完成初始化的过程。

(2) 被创建的 Servlet 对象调用 service()方法响应客户的请求。

(3) 服务器被关闭时,调用 destroy()方法杀掉 Servlet 对象。

注意:init()方法仅被调用一次,也就是在 Servlet 首次加载时被调用。以后再有客户请求(无论是不同客户的请求还是同一客户的再次请求)相同的 Servlet 服务时,Web 服务器将启动一个新的线程,在该线程中 Servlet 调用 service()方法响应客户的请求。

8.2　Java Servlet 的技术优势

Java Servlet 的技术优势表现在以下几个方面:

(1) Servlet 可以和其他资源(文件、数据库、Applet、Java 应用程序等)交互,以生成返回给客户端的响应内容。如果需要,还可以保存请求-响应过程中的信息。

(2) 采用 Servlet,服务器可以完全授权对本地资源的访问(如数据库),并且 Servlet 自身将会控制外部用户的访问数量及访问性质。

(3) Servlet 可以是其他服务的客户端程序,例如,它们可以用于分布式的应用系统中,可以从本地硬盘,或者通过网络从远端硬盘激活 Servlet。

(4) Servlet 可被链接(chain)。一个 Servlet 可以调用另一个或一系列 Servlet,即成为它的客户端。

(5) 采用 Servlet Tag 技术,可以在 HTML 页面中动态调用 Servlet。

(6) Servlet API 与协议无关。它并不对传递它的协议有任何假设。

(7) 像所有的 Java 程序一样,Servlet 拥有面向对象 Java 语言的所有优势。

(8) Servlet 提供了 Java 应用程序的所有优势——可移植、稳健、易开发。使用 Servlet 的 Tag 技术,Servlet 能够生成嵌于静态 HTML 页面中的动态内容。

(9) 一个 Servlet 被客户端发送的第一个请求激活,然后它将继续运行于后台,等待以后的请求。每个请求将生成一个新的线程,而不是一个完整的进程。多个客户能够在同一个进程中同时得到服务。一般来说,Servlet 进程只是在 Web Server 卸载时被卸载。

8.3　开发和运行 Java Servlet

8.3.1　Java Servlet 的开发环境

要运行 Servlet,Servlet 所在的服务器必须安装 JSDK,而且该服务器必须是支持 Servlet 的 Web 服务器。服务器需要运行一个 Java 虚拟机(JVM)。这一点类似于 Java Applet,支持 Applet 的浏览器必须运行 JVM。同时 Web 服务器还必须支持 Java Servlet API,否则 Servlet 无法实现和服务器的连接。JSDK(Java Servlet Development Kit) 包含了编译 Servlet 应用程序所需要的 Java 类库以及相关的文档。对于利用 Java 1.1 进行开发的用户,必须安装 JSDK。JSDK 已经被集成进 Java 1.2 Beta 版中,如果利用 Java 1.2 或以上版本进行开发,则不必安装 JSDK。JSDK 可以从 Javasoft 公司的站点免费下载,其下载地址是:http://www.sun.com/software/jwebserver/redirect.html。支持 Servlet 的 Web 服务器可以选用 Sun 公司的 JSWDK1.0.1。如果现有的 Web 服务器不支持 Servlet,则可以利用一些第三方厂商的服务器增加件(add-ons)来使 Web 服务器支持 Servlet,这其中 Live Software 公司(http://www.livesoftware.com)提供了一种称为 JRun 的产品,通过安装 JRun 的相应版本,可以使 Microsoft IIS 和 Netscape Web Server 支持 Servlet。

本书 1.3 节已经详细讲述了在 Windows 2000 下 JSP 运行环境的配置,但是安装的是 JDK 不是 JSDK,而 JDK 内置包中只包含了 Java 的基本类,但是为了编译运行 Servlet 还需要 HttpServlet、HttpServletRequest 等 Java 类,这些 JDK 不能提供,而 JSDK 中有。那么系统是否还要加装 JSDK 呢? 其实不用,因为我们安装的 Tomcat 本身就是一个支持 Servlet 的 Java 服务器。Tomcat 是 Servlet 2.2 和 JSP 1.1 规范的官方参考实现。Tomcat 既可以单独作为小型 Servlet、JSP 测试服务器,也可以集成到 Apache Web 服务器。尽管现在已经有许多厂商的服务器宣布提供这方面的支持,但是直到 2000 年早期,Tomcat 仍是唯一支持 Servlet 2.2 和 JSP 1.1 规范的服务器却是不争的事实。下面给大家介绍 Windows 2000 下 Servlet 运行环境的配置。

(1) 在 C 盘根目录上安装 JDK 1.3。

(2) 在 D 盘根目录上安装 Tomcat 4.0。

(3) 设置 JSP 运行所需要的环境变量(见 1.3 节)。

(4) 设置 Servlet 运行所需要的环境变量。

① 右击"我的电脑"，在弹出的下拉菜单中选择"属性"，出现"系统特性"对话框，如图 8-1 所示。

② 选择对话框中的"高级"选项卡，然后单击"环境变量"按钮，出现"环境变量"对话框，如图 8-2 所示。

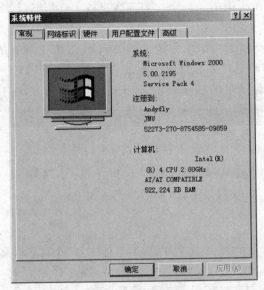

图 8-1　系统特性

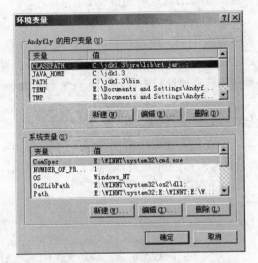

图 8-2　环境变量

③ 在用户变量列表中单击选中 CLASSPATH 变量，单击"编辑"按钮出现"编辑用户变量"对话框，如图 8-3 所示。

④ 在"变量值"文本框中输入"D：\Tomcat\common\lib\servlet.jar；"，单击"确定"按钮。返回"环境变量"对话框，单击"确定"按钮返回"系统特性"对话框，单击"确定"按钮。

图 8-3　编辑用户变量

至此运行 Servlet 的环境变量就配置完毕，但是要运行 Servlet 还要注意 Servlet 文件的存放位置问题，这要分两种情况处理。

（1）适用于所有 Web 服务目录的 Servlet 文件的存放位置。

安装完 Tomcat 软件后，其中包含了一个名为 classes 的子目录，就本书所用机器目录而言就是 D：\Tomcat\classes。将某个 Java 源文件经 Java 编译后生成的字节码文件（即 Servlet 文件）存放到该目录中即可；但是要注意，Servlet 第一次被请求加载时，服务器初始化一个 Servlet，即创建一个 Servlet 对象，该对象调用 init()方法完成初始化的过程。但是如果对 Servlet 文件的源代码进行了修改，再次将新的字节码文件存放到该目录中，除非服务器重新启动，否则新的 Servlet 不会被创建，因为当客户请求 Servlet 服务时，已经初始化的 Servlet 将调用 service()响应客户请求。

（2）适用于 examples 服务目录的 Servlet 文件的存放位置。

安装完 Tomcat 软件后，其中包含了一个名为 examples 的子目录，改目录是 Tomcat 默认的 Web 服务目录之一。就本书所用机器目录而言就是 D:\Tomcat\webapps\examples。

将某个 Java 源文件经 Java 编译后生成的字节码文件（即 Servlet 文件）存放到 D:\Tomcat\webapps\examples\WEB-INF\classes 目录中即可；但是要注意，和上一种情况不同的是，当用户提出 Servlet 请求时，服务器首先检查 D:\Tomcat\webapps\examples\WEB-INF\classes 下的 Servlet 的字节码是否修改过，如果被修改过则立即杀掉 Servlet，然后用新的字节码重新初始化 Servlet，经初始化后的 Servlet 再调用 service() 响应客户请求；但是这样会导致服务器的运行效率降低。

解决了以上的问题，就可以开始运行 Servlet 了。如果你请求的 Servlet 适用于所有的 Web 服务目录，在启动 Tomcat 后，只需在 IE 浏览器的 URL 地址栏中输入"HTTP://localhost:8080/servlet/servlet 的文件名"；如果你请求的 Servlet 只适用于 example 目录，则只需在浏览器地址栏中输入"HTTP://localhost:8080/examples/servlet/servlet 的文件名"。

8.3.2 一个简单的 Servlet 例子

下面从一个很简单的 Servlet 例子入手，来全面理解 Servlet 的运行过程。首先编写一个 HelloServlet.java 的程序，将其存放在 D：\Java 目录下，该程序源代码如下。

HelloServlet. java

```java
import java.io.*;
import javax.servlet.*;
import javax.servlet.http.*;

public class HelloServlet extends HttpServlet {

    public void init(ServletConfig config) throws ServletException
    {
        super.init(config);
            }
    public void service (HttpServletRequest request, HttpServletResponse response)
    throws IOException, ServletException
    {
        response.setContentType("text/html;charset=GB 2312");
        PrintWriter out =response.getWriter();
        out.println("<html>");
        out.println("<body>");
        out.println("<head>");
        out.println("<title>Hello World</title>");
        out.println("</head>");
        out.println("<body>");
        out.println("<h1>这是一个简单的 Servlet 的例子!</h1>");
        out.println("</body>");
        out.println("</html>");
    }
}
```

注意：程序中使用了两个方法，其中 init()方法是类 HttpServlet 中的方法，这个方法可以重写。该方法描述为：public void init(ServletConfig config) throws ServletException，用户第一次请求 Servlet 时，服务器创建一个 Servlet 对象，该对象就调用 init()方法完成初始化。调用过程中 Servlet 引擎把一个 ServletConfig 类型的对象传递给 init()，此对象负责将服务设置信息传递给 Servlet，若传递不成功就抛出一个 ServletException。ServletConfig 类型的对象会一直保存在 Servlet 中，直到 Servlet 对象被杀掉。service()方法也是类 HttpServlet 中的方法，这个方法可以重写。该方法描述为：public void service(HttpServletRequest request，HttpServletResponse response) throws IOException，ServletException。当 Servlet 初始化完成后，Servlet 就调用该方法处理客户请求并作出响应。调用过程中 Servlet 引擎会传递两个参数，一个是 HttpServletRequest 类型的对象，一个是 HttpServletResponse 类型的对象。前者封装了用户的请求信息，调用该对象的方法可以提取用户的请求信息。后者用于响应用户的请求。Service()和 init()不同的是，init()只调用一次，而 Service()可能被调用多次。

Java Servlet 和 JSP 不同，不会像 JSP 文件在第一次访问服务器时就会自动编译。必须再用手动的方式在 JDK1.3 的命令方式下进行编译，下面介绍基于 Windows 2000 平台上的 Java Servlet 的编译方法：

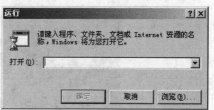

图 8-4　"运行"对话框

　　(1) 单击"开始"按钮，在弹出菜单中选择"运行"，出现"运行"对话框，如图 8-4 所示。

　　(2) 在"打开"文本框中输入"CMD"，单击"确定"按钮进入控制台方式，然后将目录转到 D:\Java，如图 8-5 所示。

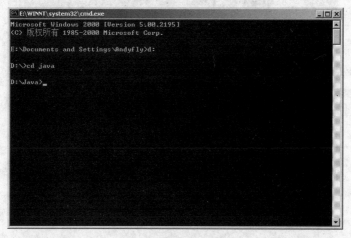

图 8-5　命令行控制台

　　(3) 在光标处输入 Java 的编译命令，如果想深入了解 Java 编译命令的格式，可以直接输入命令"javac"，按 Enter 键，图 8-6 显示了 javac 编译命令的用法。

　　(4) 输入编译命令"Javac HelloServlet. java"，按 Enter 键，如果程序没有错误，将显示如图 8-7 所示信息。

图 8-6　Javac 编译命令的用法

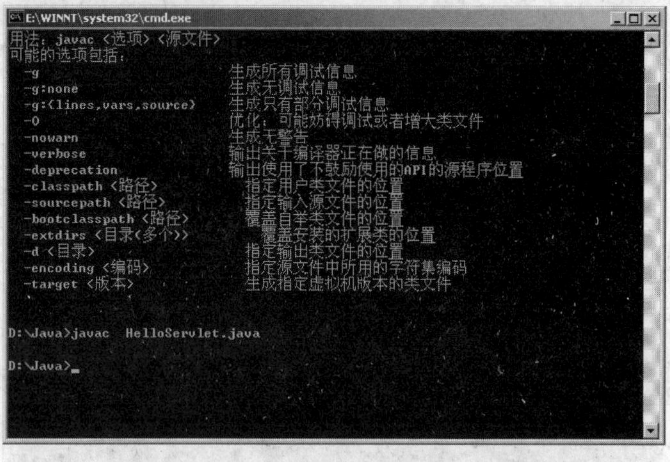

图 8-7　HelloServlet.java 编译成功

（5）至此源程序 HelloWorld.java 编译成功，编译生成的字节码文件是一个与源程序主名相同的后缀名为 class 的文件。它就在 D:\Java 中，如图 8-8 所示。

图 8-8　HelloWorld.java 编译成功生成字节码文件

考虑到以后可能要经常调试 HelloWorld. class 这个 Servlet 文档,就本书所使用的机器而言,应该把它存放在 D:\Tomcat\webapps\examples\WEB-INF\classes 中,以后每次用户请求该 Servlet 服务时,Web 服务器引擎都要先检查其字节码是否被修改过,如果修改过就重新初始化,然后再响应客户请求。下面就可以运行这个 Servlet 了,在 IE 浏览器的 URL 地址栏中输入"http://localhost:8080/examples/servlet/HelloServlet",然后按 Enter 键,结果如图 8-9 所示。

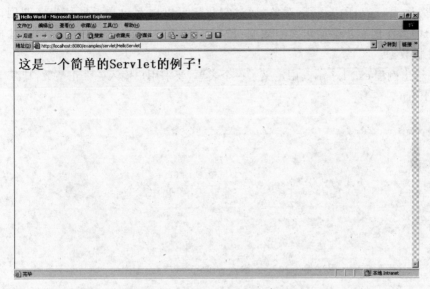

图 8-9　HelloServlet 运行结果

8.3.3　JSP 与 Servlet

编写 Servlet 目的是为用户提供服务的,而 JSP 已经成为动态网站开发的主要技术。Servlet 又非常适合服务器端的处理,更重要的是 Servlet 在服务器端一经创建便长期驻留在它们被保存的位置。它们响应用户的请求只是不断地创建线程去执行的过程。如果 JSP 页面中嵌入的 Script 或 Java 代码过多,整个程序的逻辑性就会变得非常复杂。如果在 JSP 页面中引入 Servlet 技术,那么用户请求主要交给 Servlet 完成,JSP 主要负责页面静态信息的处理,这样页面表现将更加清晰。那么用户在 JSP 页面里如何调用 Servlet 呢? 可以使用以下两种方法实现这一过程。

1. 通过表单调用 Servlet

Servlet 使用类 HttpServlet 中的方法实现与表单的交互。HttpServlet 类中除了前面介绍的 init()、service()、destroy()方法外,还包括其他没有完全实现的方法,当然用户可以自定义方法体中的内容。这些方法有 DoGet()、DoPost()、DoPut()、DoDelete()等。

(1) DoGet():处理用户的 Get 请求。

(2) DoPost():处理用户的 Post 请求。

(3) DoPut():处理用户的 Post 请求。

(4) DoDelete():处理用户的 Delete 请求。

Servlet 可以从 HttpServlet 类中直接继承 service()方法,但是没有必要重写 service()

方法来响应客户的请求,可以重写 DoGet()、DoPost()、DoPut()、DoDelete()等方法。在使用这些方法时必须带两个参数,一个是 HttpServletResquest 对象,其中封装了用户的请求信息,无论用户以何种方式提交我们都可以使用 getParameterValue()方法来提取信息。若用户采用 Get 提交方式,我们还可以使用 getQueryString()方法提取信息。如果用户采用的是 Post、Put 或者 Delete 的提交方式,我们可以调用 getReader()方法从 BufferedrReader 中提取文本数据。也可以调用 getReader()方法从 ServletInputStream 中提取信息。另一个参数是 HttpServletResponse 对象,通过它我们可以向客户端返回信息。调用该对象的 getWriter()方法向客户端输出文本数据;调用该对象的 getOutputStream()方法向客户端输出二进制数据。

下面给出例程 ex8-1.jsp,其中定义了一个表单,要求用户输入一个正整数,其源代码如下。

ex8-1. jsp

```
<%@ page contentType="text/html;charset=GB 2312"%>
<html>
<head>
<title>post-方式数字提交 ex8-1.jsp
</title>
</head>
<body>
<p>
<h1>请在下面的输入框中给 Servlet 输入一个正整数:</h1>
<br>
<br>
</p>
<form method="POST" action="examples/servlet/deal">
<input type="text" name="number" size="20">
<input type="submit" value=" 提交给 Servlet">
</form>
</body>
</html>
```

该程序在浏览器中显示的结果如图 8-10 所示。

下面给出 ex8-1.jsp 程序中所调用的 Servlet 源文件 deal.java 的源代码。

deal. java

```
import java.io.*;
import javax.servlet.*;
import javax.servlet.http.*;

public class deal extends HttpServlet
{
  public void init(ServletConfig config) throws ServletException
    {
      super.init(config);
```

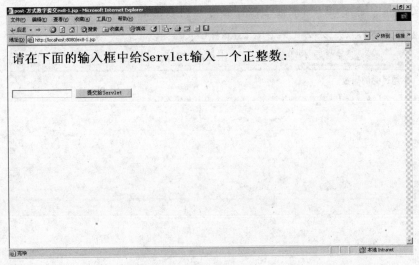

图 8-10 ex8-1.jsp 运行结果

```
    }
public void doPost(HttpServletRequest request, HttpServletResponse response)
throws IOException, ServletException
{
    response.setContentType("text/html;charset=GB 2312");
    //取得一个向客户输出数据的输出流
    PrintWriter  out=response.getWriter();

    //设置响应的 MIME 类型
    out.println("<html>");
    out.println("<body>");
    String  number=request.getParameter("number");
                                      //利用 getParameter 方法获取客户信息
    int   m=0;
    try {
        m=Integer.parseInt(number);
        out.println("<h2>不超过"+m+"的偶数</h2>如下：");
        for(int i=1;i<m;i++)
         { if(i%2==0)
               out.println(i);
         }
    }
    catch(NumberFormatException  e)
        {
         out.println("<h1>您输入的数字格式有误!</h1>");
        }
    }
}
```

当在文本框中输入 66 时,按提交按钮程序运行效果如图 8-11 所示。

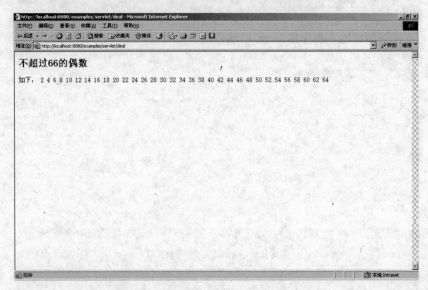

图 8-11　输入 66 后的 ex8-1.jsp 运行结果

当在文本框中输入格式不正确的数据 66ab 时,程序运行效果如图 8-12 所示。

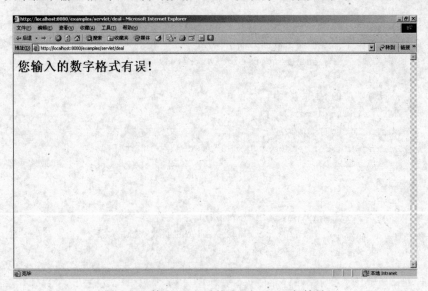

图 8-12　输入 66ab 后的 ex8-1.jsp 运行结果

2. 通过超级链接调用 Servlet

要实现在 JSP 页面中调用 Servlet,还可以采取在页面中设置超级链接的方法来实现。下面给出例程 ex8-2.jsp 的源代码如下。

ex8-2. jsp

```
<%@ page contentType="text/html;charset=GB 2312" %>
<html>
```

```
<head>
<title>ex8-2.jsp
</title>
</head>
<body>
<p>
<center>
<h1>小林的天空</h1>
<br>
<br>
<br>
</p>
<p><h3>
请输入您的昵称：<input type="text" name="User" size="25">
<br><br>
请输入您的密码：<input type="password" name="pwd" size="25">
<br><br>
<br><br>
</h3>
<a href="/examples/servlet/welcom">请您单击加载 Servlet</a>
</p></center>
</body>
</html>
```

该程序运行的结果如图 8-13 所示。

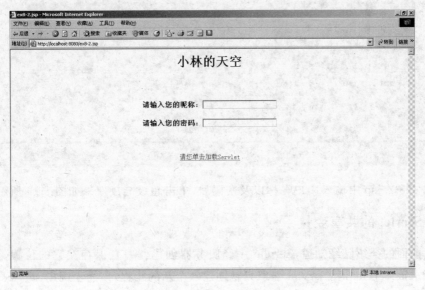

图 8-13　ex8-2.jsp 运行结果

下面给出 ex8-2.jsp 程序中所调用的 Servlet 源文件 welcom.java 的源代码。

welcom. java

```java
import java.io.*;
import javax.servlet.*;
import javax.servlet.http.*;

public class welcom extends HttpServlet
{
  public void init(ServletConfig config) throws ServletException
    {
      super.init(config);
    }
    public void service(HttpServletRequest request, HttpServletResponse response)
    throws IOException, ServletException
    {
        response.setContentType("text/html;charset=GB 2312");
        //取得一个向客户输出数据的输出流
        PrintWriter  out=response.getWriter();

        //设置响应的 MIME 类型
        out.println("<html>");
        out.println("<body bgcolor=blue>");
        out.println("<center>");
        out.println("<h1>");
        out.println("<font color=white>");
        out.println("欢迎阁下光临小林的天空!");
        out.println("</h1>");
        out.println("</font>");
        out.println("</center>");
        out.println("</body>");
        out.println("</html>");

    }

}
```

当在 ex8-2. jsp 中输入用户昵称以及密码后,单击超级链接效果如图 8-14 所示。

8.3.4 Servlet 的共享变量

通过前面的介绍已经知道,Servlet 一经服务器创建就一直保存在它的位置,以后当用户再次请求该 Servlet 时,Servlet 引擎只是创建一个新的线程,该线程调用 service()方法来响应用户的请求。Servlet 类中定义的变量将被所有的线程所共享。利用这个特性可以在编写一个具有计数功能的 Servlet。

可以在程序中设置一个变量 count,但要注意位置。必须将其初始化操作放在 init()方

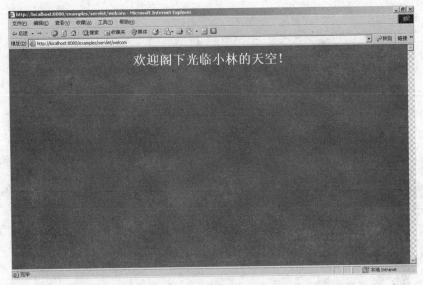

图 8-14 输入用户昵称和密码后的 ex8-2.jsp 运行结果

法内部,使得该变量在 Servlet 经服务器创建时刻起就有效,并且初始化此变量的值为 0。然后在 service()方法内建立对计数变量增 1 的操作,但请注意这样一个问题:当多个线程同时访问此计数变量时,要做到对变量访问的互斥性,因为此计数变量是共享变量。因此要保持多个线程之间很好的同步性。这一点可以借助于在 service()方法前设置 synchronized 关键字来实现。下面给出实现计数效果的 Servlet 的源程序 counter.java 的源代码。

counter. java

```
import java.io. * ;
import javax.servlet. * ;
import javax.servlet.http. * ;

public class counter extends HttpServlet
{
  int count;
  public void init(ServletConfig config) throws ServletException
    {
      super.init(config);
      count=0;
    }
  public synchronized void service(HttpServletRequest request, HttpServletResponse response)
  throws IOException, ServletException
  {
      response.setContentType("text/html;charset=GB 2312");
      //取得一个向客户输出数据的输出流
```

```
        PrintWriter  out=response.getWriter();

        //设置响应的 MIME 类型
        out.println("<html>");
        out.println("<body>");
        out.println("<center>");
        count++;
        out.println("<h1>");
        out.println("欢迎您!");
        out.println("<br><br>");
        out.println("您是第"+count+"个光临小林天空网站的客人!");
        out.println("</h1>");
        out.println("</center>");
        out.println("</body>");
        out.println("</html>");

    }

}
```

计数 Servlet 在浏览器中运行的效果如图 8-15 所示。

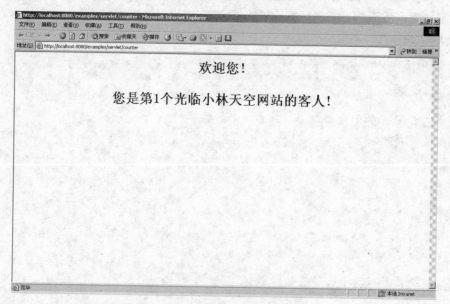

图 8-15　counter.java 运行结果

当单击浏览器的"刷新"按钮时效果如图 8-16 所示。

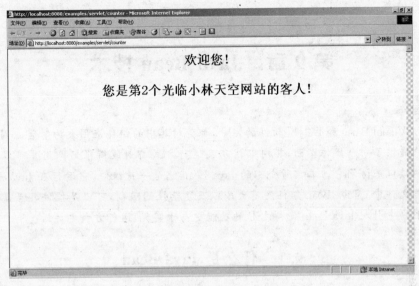

图 8-16 刷新后 counter.java 运行结果

本 章 小 结

本章介绍了 Servlet 的基本概念,需要重点掌握 Servlet 与 JSP 之间的关系、Servlet 的生命周期、Servlet 的共享变量、Servlet 的开发环境以及如何在 JSP 页面里调用 Servlet。

习题及实训

1. 什么是 Servlet?
2. 简述 Servlet 的生命周期。
3. 请在 Windows 2000 操作系统环境下设置 Servlet 的编译运行环境。
4. 编写一个 JSP 页面和一个 Servlet,在页面中建立一个表单,要求输入一个自然数,然后按提交按钮调用相应的 Servlet 处理,该 Servlet 可以判断用户所输入的自然数是否是一个素数。

第9章 Java Bean 技术

本章要点

使用过 Visual Basic 和 Delphi 软件的用户,都会对其中的组件应用大为赞赏。因为这些组件仅给用户提供了一个操作界面,其内部信息及运行方式都封装得很好。用户可以通过这些组件提供的接口来访问它。本章所介绍的 Java Bean 就是一种组件,它运行在 Java 平台上,可以嵌入 JSP 文件中。Java Bean 组件没有大小以及复杂性的限制,可以是控件甚至是整个应用程序。在 JSP 中引入 Java Bean 使得 JSP 的功能更易于实现,运行方式更灵活。

9.1 什么是 Java Bean

Java Bean 是 Java 程序的一种组件,其实就是 Java 类。Java Bean 规范将"组件软件"的概念引入到 Java 编程的领域。我们知道组件是自行进行内部管理的一个或几个类所组成的软件单元;对于 Java Bean 可以使用基于 IDE 的应用程序开发工具,可视地将它们编写到 Java 程序中。Java Bean 为 Java 开发人员提供了一种"组件化"其 Java 类的方法。

Java Bean 是一些 Java 类,可以使用任何的文本编辑器(记事本),当然也可以在一个可视的 Java 程序开发工具中操作它们,并且可以将它们一起嵌入到 JSP 程序中。其实,任何具有某种特性和事件接口约定的 Java 类都可以是一个 Java Bean。

在 ASP 文件中实现文件上传、复杂计算、邮件发送等复杂功能都要借助于 COM 组件。但就程序设计而言,掌握 ASP 编程要比 COM 编程容易多了。相比之下,学习使用 Java Bean 来开发程序就非常容易。由于 Java Bean 本身就是 Java 类,所以完全支持面向对象的技术。可以根据 JSP 中不同的实现功能事先编写好不同的 Java Bean,然后在需要时嵌入到 JSP 中从而形成一套可重复利用的对象库。在维护方面 Java Bean 也很容易。如果 COM 组件在服务器端注册,一旦开发人员修改了源代码,COM 必须重新注册,这就意味着要把服务器关闭重新启动。而 Java Bean 无需注册,只要将其存放到 classpath 目录中,然后关闭 Tomcat(不是关机)再重启即可。

Java Bean 的结构包含了属性、方法和事件。属性描述了 Java Bean 所处的状态,如颜色、大小等。一旦属性被修改就意味着 Java Bean 的状态发生了改变。Java Bean 运行时通过调用 get 和 set 方法改变其属性值。方法是一些可调用的操作,既是共有的也可以是私有的,方法可用于启动或捕捉事件。事件是不同的 Java Bean 之间通信的机制,借助于事件,信息可以在不同的 Java Bean 之间传递。

对于 JSP 程序而言,Bean 不仅封装了许多信息,还可以将一些数据处理的程序隐藏在 Java Bean 内部,从而降低了 JSP 程序的复杂度。

总体而言,Java Bean 具有以下几个特性:

(1) Java Bean 是一个公开的类。

(2) Java Bean 包含无参的构造函数。

（3）Java Bean 给外界提供一组"get 型"公开函数,利用这些函数来提取 Java Bean 内部的属性值。

（4）Java Bean 给外界提供一组"set 型"公开函数,利用这些函数来修改 Java Bean 内部的属性值。

9.2　Java Bean 的作用域

如果学习过 C 语言,就知道根据 C 程序中变量的作用域的不同,可以将变量分为局部变量和全局变量。局部变量的作用域存在于一个固定的区域中,比如复合语句、函数体等,离开了这个区域,变量就不复存在。即变量所占用的内存被系统回收。而全局变量的作用域将在整个程序的运行过程中有效,并且所有的程序代码皆可使用。与 C 程序中变量相似,根据不同的 JSP 程序的要求,也可以设定不同的 Java Bean 作用域,要实现这一点必须在 JSP 页面中嵌入动作标签 useBean。

```
<jsp:useBean id="Bean 的名字" class="创建 Bean 的类" scope="Bean 的作用域">
</jsp:useBean>
```

其中属性 scope 的值用于设定 Java Bean 的作用域。根据 scope 取值的不同可以将 Java Bean 分为 4 种不同类型。它们是 Page Java Bean、Request Java Bean、Session Java Bean 和 Application Java Bean。

9.2.1　Page Java Bean

当 useBean 标签中的属性 scope 取值 page 时,Java Bean 就成了 Page Java Bean。这种 Java Bean 的生命期最短。如果用户向服务器端提交了一个嵌有 Page Java Bean 的 JSP 页面请求,服务器端的 JSP 引擎将把这个 Java Bean 实体化为一个新对象,并调用"get 型"或"set 型"函数来存取 Bean 内部的属性值。JSP 执行完毕后服务器将把结果以 HTML 文档的形式反馈到客户端,此时 Page Java Bean 对象就会被释放到内存中而消亡。此后用户再向服务器提交请求同一 Page Java Bean,那么该 Java Bean 将再一次被实体化。图 9-1 描述了这一过程。

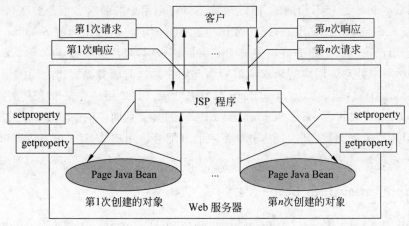

图 9-1　Page Java Bean 示意图

9.2.2 Request Java Bean

当 useBean 标签中的属性 scope 取值 request 时，Java Bean 就成了 Request Java Bean。这种 Java Bean 的生命期和 JSP 程序中的 request 对象同步。当一个 JSP 通过 forward 指令向另一个 JSP 传递 request 对象时，Request Java Bean 也将随着 request 对象一起传送过去，从而实现不同的 JSP 文件共享相同的 Java Bean。当传送到的最后一个 JSP 执行完毕后，服务器将把结果以 HTML 文档的形式反馈到客户端，此时 Request Java Bean 对象所占有的内存就会被系统释放而消亡。图 9-2 描述了这一过程。

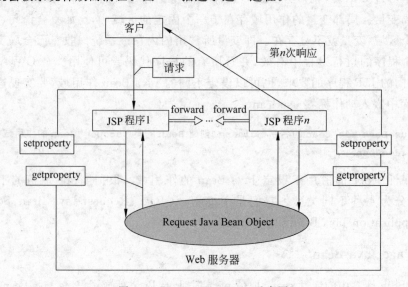

图 9-2　Request Java Bean 示意图

9.2.3 Session Java Bean

当 useBean 标签中的属性 scope 取值 session 时，Java Bean 就成了 Session Java Bean。它的生命期将和 Session 对象同步。由于 HTTP 是一种无状态的协议，JSP 引擎分配给每个客户的 Java Bean 是互不相同的，因此很难记录每个用户的需求。但是要在每个客户 JSP 页面中都嵌入 Session Java Bean，那么客户在这些页面中将引用相同的 Session Java Bean。也就是说当用户第一次向服务器端发出 JSP 页面请求时，JSP 引擎会建立一个新的 Session Java Bean 对象来处理该用户的请求。以后当此用户再次向服务器提出相同的请求时，可以直接从 Session 中取得 Session Java Bean 对象来处理。如果用户在某个 JSP 页面上修改了 Session Java Bean 的属性，那么 Session Java Bean 的其他页面中的 Java Bean 的属性也将随着改变。当用户关闭浏览器时，JSP 引擎将取消分配给该用户的 Session Java Bean。图 9-3 描述了这一过程。

9.2.4 Application Java Bean

当 useBean 标签中的属性 scope 取值 application 时，Java Bean 就成了 Application Java Bean。它的生命期是最长的。它是由 JSP 引擎分配的、供所有客户访问的共享 Java Bean。

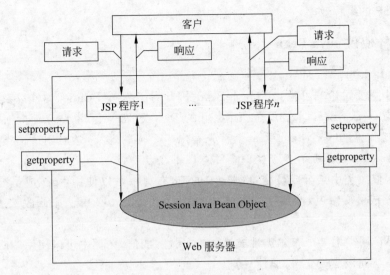

图 9-3　Session Java Bean 示意图

换句话说,一旦有一个用户在某个 JSP 页面上修改了 Application Java Bean 的属性,那么所有用户的这个 Java Bean 的属性也将随着改变。除非关闭了服务器,不然 Application Java Bean 将一直存在。图 9-4 描述了这一过程。

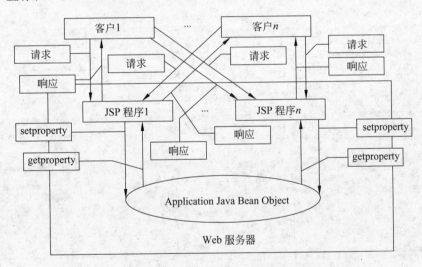

图 9-4　Application Java Bean 示意图

9.3　Java Bean 与 JSP

有人说 Java Bean 与 JSP 的结合简直就是"黄金搭档"。利用 Java Bean 技术可以随心所欲地扩充 JSP 的功能,要知道在普通的 HTML 文档中加入大量的 Java 程序片实在是令人头疼的一件事。这样不仅使得整个页面逻辑混乱,难以理解,而且维护起来也非常困难。如果在 JSP 页面中嵌入 Java Bean,就可以有效地分离页面的静态工作部分和动态工作部分,提高了 JSP 的编程效率。

9.3.1　怎样使用 Java Bean

1. 编写 Java Bean

本书当中主要讨论非可视化的 Java Bean,因此对于 Java Bean 的属性以及方法的访问是学习的重点。Java Bean 本身就是一个公开的 Java 类,如果学过 Java 面向对象的程序设计,那么很快就能写出一个 Java Bean。首先写出一个类的定义,然后用这个类创建的一个对象就是 Java Bean。但是在定义类时需注意以下几点:

(1) 若要修改类中某个成员变量(属性)的值,在类中可以使用"get 成员变量名字()"方法来获取该成员变量(属性)的值;使用"set 成员变量名字()"方法来修改该成员变量(属性)的值。

(2) 若要访问类中某个布尔类型成员变量(属性)的值,在类中可以使用"is 成员变量名字()"方法来访问该成员变量(属性)的值。

(3) 类中的方法的访问属性必须为 Public。

(4) 类中如果有构造函数,该函数必须为 Public 并且是无参函数。

下面使用文本编辑器编写一个简单的 Java Bean,将其存放到 D:\Java 目录下,其源文件 Sqare.java 的源代码如下。

Sqare. java

```
import java.io.*;
public class Sqare
{
    int   edge;
    public Sqare()
      {
        edge=5;
      }
    public int getedge()
      {
        return edge;
      }
    public void   setedge(int newedge)
      {
        edge=newedge;
      }
    public int sqareArea()
      {
        return edge * edge;
      }

}
```

2. 编译 Java Bean 源文件

单击"开始"按钮,选择"运行"然后输入"cmd",按"确定"按钮进入 DOS 命令方式。切换到 D:\Java 目录下,然后输入 Java 编译命令"javac Sqare. java",按 Enter 键没有错误信息,表明编译成功。得到的字节码文件为 Sqare. class 就存放在 D:\Java 下,如图 9-5 所示。

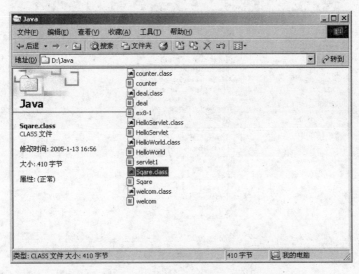

图 9-5　Sqare. java 编译成功生成字节码文件

3. Java Bean 存放的目录

要在 JSP 页面中正确地使用 Java Bean,还要注意 Java Bean 文件的存放位置问题。这要分以下两种情况来处理:

(1) 适用于所有 Web 服务目录的 Java Bean 文件的存放位置

安装完 Tomcat 软件后,其中包含了一个名为 classes 的子目录,就本书所用机器目录而言就是 D:\Tomcat\classes。将 Java Bean 源文件经 Java 编译后生成的字节码文件(即 Java Bean 文件)存放到该目录中即可;但是要注意,JSP 引擎的内置对象 pageContent 存储了供服务器使用的数据信息,通过该对象向客户端提供不同类型的数据对象。若含有 useBean 标签的 JSP 页面被执行后,Java Bean 就被存放在 pageContent 对象中,如果修改了 Java Bean,pageContent 对象中的 Java Bean 并不能被更新,因为任何 JSP 页面被再次访问时总是先到 PageContent 中查找 Java Bean,而 pageContent 对象直到服务器关闭才会释放它存储的数据对象。

(2) 适用于 examples 服务目录的 Java Bean 文件的存放位置

安装完 Tomcat 软件后,其中包含了一个名为 examples 的子目录,该目录是 Tomcat 默认的 Web 服务目录之一。就本书所用机器目录而言就是 D:\Tomcat\webapps\examples。将 Java Bean 源文件经 Java 编译后生成的字节码文件(即 Java Bean 文件)存放到 D:\Tomcat\webapps\examples\WEB-INF\classes 目录中即可;但要注意,和上一种情况不同的是,当用户提出 Java Bean 请求时,JSP 引擎首先检查 D:\Tomcat\webapps\examples\WEB-INF\classes 下的 Java Bean 的字节码是否被修改过,如果被修改过立即用新的字节码重新创建一个 Java Bean,然后把它添加到 pageContent 对象中,再分配给用户。

考虑到以后调试 Java Bean 的方便,将已经编译好的 Java Bean 文件 Sqare.class 存放到 D:\Tomcat\webapps\examples\WEB-INF\classes 中,如图 9-6 所示。

图 9-6　Sqare.class 的位置存放

9.3.2　在 JSP 中调用 Java Bean

为了实现在 JSP 页面中调用 Java Bean,必须在 JSP 页面中嵌入动作标签 useBean。其格式有以下两种:

<jsp:useBean　id="Java Bean 的名字" class="创建 Java Bean 的类" scope="Java Bean 的作用域">
</jsp:useBean>

或

<jsp:useBean　id=" Java Bean 的名字" class="创建 Java Bean 的类" scope=" Java Bean 的作用域"/>

下面给出调用 Java Bean 的 JSP 源文件 ex9-1.jsp 的源代码。

ex9-1.jsp

```
<%@ page contentType="text/html;charset=GB 2312"%>
<%@ page import="Sqare"%>


<html>
<head>
<title>例程 ex9-1.jsp</title>
</head>
```

```
<body><h1>
<jsp:useBean  id="tom" class="Sqare" scope="page">
</jsp:useBean>
<%
    tom.setedge(35);
%>
<p>您定义的正方形的边长为：
    <%=tom.getedge()%>
<br>
<br>
<p>您定义的正方形的面积为：
    <%=tom.sqareArea()%>
</h1>
</body>
</html>
```

将 ex9-1.jsp 保存在 D:\Tomcat\webapps\examples 中。然后启动 IE 浏览器并在地址栏中输入 http://localhost:8080/examples/ex9-1.jsp，按 Enter 键效果如图 9-7 所示。

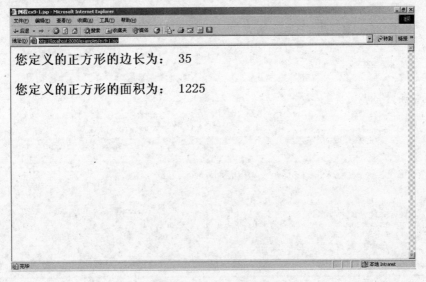

图 9-7　ex9-1.jsp 运行结果

9.4　访问的 Java Bean 属性

在 JSP 页面中通过嵌入 useBean 标签引入一个 Java Bean 后，实际上相当于引入了一个 Java 类，然后 Java Bean 就可以调用它内部定义好的方法来帮助实现 JSP 中所需的功能。如前所述，Java Bean 提供了"set 型"和"get 型"函数来访问 Java Bean 中的属性（成员变量）。但除这种渠道外，还可以在 JSP 页面中嵌入动作标签 getProperty、setProperty 来实现。

9.4.1 提取 Java Bean 的属性

首先在 JSP 页面中嵌入 useBean 标签,将一个预先建好的 Java Bean 引入到 JSP 中。然后可以使用动作标签 getProperty 来提取 Java Beans 中的属性值。该标签的使用格式如下:

<jsp: getProperty   name="Java Bean 的名字" property="Java Bean 的属性名"/>

或者

<jsp: getProperty   name="Java Bean 的名字" property="Java Bean 的属性名">
</jsp: getProperty>

在 JSP 中使用此标签可以提取 Java Bean 中的属性值,并将结果以字符串的形式显示给客户。下面就利用这种方法来实现提取 Java Bean 的属性。下面给出 Java Bean 的源文件 NewSqare.java 的源代码。

NewSqare. java

```
import java.io.*;
public class NewSqare
{
    int   edge=0;
    int   sqarearea=0;
    int   sqarelength=0;
    public int getedge()
    {
      return edge;
    }
    public void   setedge(int newedge)
    {
      edge=newedge;
    }
    public int getsqarearea()
    {
      sqarearea=edge*edge;
      return sqarearea;
    }
    public int getsqarelength()
    {
      sqarelength=edge*4;
      return sqarelength;
    }
}
```

将编译好的 NewSqare. class 存放到 D:\Tomcat\webapps\examples\WEB-INF\

classes 中。下面给出调用 NewSqare.class 的 JSP 文件 ex9-2.jsp 的源代码。

ex9-2.jsp

```
%@page contentType="text/html;charset=GB 2312"%>
<%@page import="NewSqare"%>
<html>
<head>
<title>例程 ex9-2.jsp</title>
</head>
<body>
<h1>
<br>
<br>
<br>
<jsp:useBean  id="mike" class="NewSqare" scope="page">
</jsp:useBean>
<%
    mike.setedge(26);
%>
<p>您定义的正方形的边长为:
<jsp:getProperty   name="mike"  property="edge"/>

<br>
<br>
<br>
<p>您定义的正方形的面积为:
<jsp:getProperty   name="mike"  property="sqarearea"/>
<br>
<br>
<br>
<p>您定义的正方形的周长为:
<jsp:getProperty   name="mike"  property="sqarelength"/>
</h1>
</body>
</html>
```

将 ex9-2.jsp 文件存放在 D:\Tomcat\webapps\examples 中,然后启动 IE 浏览器并在地址栏中输入 http://localhost:8080/examples/ex9-2.jsp,按 Enter 键后效果如图 9-8 所示。

9.4.2 更改 Java Bean 的属性

可以在 JSP 页面中使用动作标签 setProperty 来更改 Java Beans 中的属性值。该标签的使用格式如下:

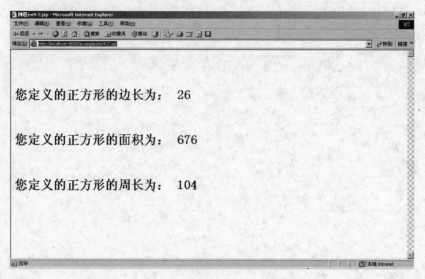

图 9-8 ex9-2.jsp 运行结果

（1）Java Bean 中的属性名为汉字时，标签 setProperty 通常采用如下格式：

① 这种格式可将 Java Bean 中的属性值更改为一个表达式的值。

```
<jsp: setProperty    name="Java Bean 的名字"  property="Java Bean 的属性名"
value="<%=expression%>"/>
```

② 这种格式可将 Java Bean 中的属性值更改为一个字符串。

```
<jsp: setProperty    name="Java Bean 的名字"  property="Java Bean 的属性名">
value=字符串/>
```

注意：在第一种格式中必须注意表达式值的类型要和 Java Bean 属性值的类型一致。
而第二种格式会实现类型的自动转化。

需要强调的是，getProperty 标签得到所有属性值都将转换为 String 类型，而利用
setProperty 标签将把 String 类型转化为属性值对应的类型，为了帮助大家掌握这一点，这
里给出 Java 基本类型和 String 类型之间以及其他类型之间的相互转换方法，分别如
表 9-1、表 9-2 和表 9-3 所示。

表 9-1　Java 基本类型转换成 String 类型的转换方法

Java 基本类型	Java 基本类型转换成 String 类型的转换方法
Boolean	Java. lang. Boolean. toString(Boolean)
Byte	Java. lang. Byte. toString(byte)
Char	Java. lang. Character. toString(char)
Double	Java. lang. Double. toString(double)
Int	Java. lang. Integer. toString(int)
Float	Java. lang. Float. toString(float)
Long	Java. lang. Long. toString(long)

表 9-2　Java String 类型转换成基本类型的常用方法

要转换成的 Java 基本类型	String 类型转换成 Java 基本类型的常用方法
Boolean	Java. lang. Boolean. Valueof(String)
Byte/byte	Java. lang. Byte. Valueof(String)
Char/char	Java. lang. Character. Valueof(String)
Double/double	Java. lang. Double. Valueof(String)
Int/int	Java. lang. Integer. Valueof(String)
Float/float	Java. lang. Float. toString(float)
Long/long	Java. lang. Long. Valueof(String)

表 9-3　Java String 类型转换成基本类型的其他方法

要转换成的 Java 基本类型	String 类型转换成 Java 基本类型的其他方法
Int	Integer. parseInt(String)
Long	Long. parseInt(String)
Float	Float. parseInt(String)
Double	Double. parseInt(String)

注意：当在 JSP 页面中使用上述的转换方法时，不同类型之间的转换可能会出现错误，这时系统将抛出一个 NumberFormatException 异常。

（2）当 JSP 中设置了表单时，标签 setProperty 通常采用如下格式：

```
<jsp: setProperty    name="Java Bean 的名字"  property=" * "/>
```

注意：表单中参数的名字必须和 Java Bean 中相应的属性名相同，如果表单中参数值为字符串，JSP 引擎会自动将字符串转换为 Java Bean 中对应属性的类型。Property 的值为"＊"，表示 JSP 引擎会根据表单参数名进行自动识别。

（3）当 JSP 中设置了表单时，标签 setProperty 还可以采用如下格式：

```
<jsp: setProperty    name="Java Bean 的名字"  property="Java Bean 的属性名"
param="参数名"/>
```

注意：这种方式只有提交了和 Java Bean 相应的表单后，才能通过 request 的参数值来更改 Java Bean 中相应的属性值。但是，request 的参数名必须和 Java bean 中相应的属性名相同，并且标签中不能再使用 value 属性。JSP 引擎会自动将从 request 参数中获得的字符串转换为 Java Bean 中对应属性的类型。

下面给出实现更改 Java Bean 属性的源文件 person. java 的源代码。

person. java

```
import java.io.*;
public class Personinfo
{
    String  name=null;
    long  idcard;
```

```java
    int    age;
    String  sex=null;
    String  degree=null;
    double   height,weight;
    public String getname()
      {
        return name;
      }
    public void   setname(String newname)
      {
        name=newname;
      }

    public String getsex()
      {
        return sex;
      }
    public void   setsex(String newsex)
      {
        sex=newsex;
      }

    public String getdegree()
      {
        return degree;
      }
    public void   setdegree(String newdegree)
      {
        degree=newdegree;
      }
    public int getage()
      {
        return age;
      }
    public void setage(int newage)
      {
        age=newage;
      }
    public long getidcard()
      {
        return idcard;
      }
    public void setidcard(long newidcard)
```

```
      {
        idcard=newidcard;
      }
   public double getheight()
      {
        return height;
      }
   public void setheight(double newheight)
      {
        height=newheight;
      }
   public double getweight()
      {
        return weight;
      }
   public void setweight(double newweight)
      {
        height=newweight;
      }
}
```

将编译好的 Personinfo. class 存放到 D：\Tomcat\webapps\examples\WEB-INF\classes 中。下面给出调用 Personinfo. class 的 JSP 文件 ex9-3. jsp 的源代码。

ex9-3. jsp

```
<%@page contentType="text/html;charset=GB 2312"%>
<%@page import="Personinfo"%>

<html>
<head>
<title>例程 ex9-3.jsp</title>
</head>
<body>
<h1>
<br>
<br>
<jsp:useBean   id="jack" class="Personinfo" scope="page">
</jsp:useBean>
<jsp:setProperty    name="jack"   property="name" value="刘华"/>
<p>姓名：
<jsp:getProperty    name="jack"   property="name"/>
<jsp:setProperty    name="jack"   property="sex" value="女"/>
<p>性别：
<jsp:getProperty    name="jack"   property="sex"/>
```

```
<jsp:setProperty        name="jack"   property="age" value="25"/>
<p>年龄:
<jsp:getProperty        name="jack"   property="age"/>
<jsp:setProperty        name="jack"   property="degree" value="专科"/>
<p>学历:
<jsp:getProperty        name="jack"   property="degree"/>
<jsp:setProperty        name="jack"   property="idcard" value="410404198012124548"/>
<p>身份证号:
<jsp:getProperty        name="jack"   property="idcard"/>
<jsp:setProperty        name="jack"   property="height" value="1.60"/>
<p>身高:
<jsp:getProperty        name="jack"   property="height"/>
<jsp:setProperty        name="jack"   property="weight" value="45.35"/>
<p>体重:
<jsp:getProperty        name="jack"   property="weight"/>
</h1>
</body>
</html>
```

将 ex9-3. jsp 文件存放在 D:\Tomcat\webapps\examples 中,然后启动 IE 浏览器并在地址栏中输入 http://localhost:8080/examples/ex9-3.jsp,按 Enter 键后效果如图 9-9 所示。

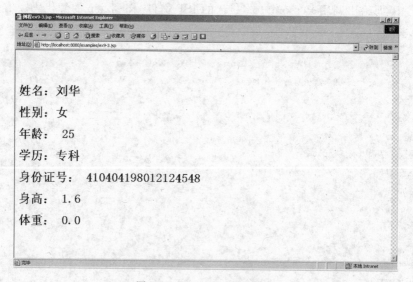

图 9-9 ex9-3.jsp 运行结果

本 章 小 结

本章介绍了 Java Bean 组件技术的概念,需要重点理解 Java Bean 的作用域、Java Bean 与 JSP 之间的关系,熟练掌握如何在 JSP 中调用 Java Bean 以及访问 Java Bean 的属性。

习题及实训

1. 什么是 Java Bean?
2. 试述 Java Bean 组件和 COM 组件的不同。
3. 请在 Windows 2000 操作系统环境下设置 Java Bean 的运行环境。
4. 编写一个 JSP 页面和一个 Java Bean,在 JSP 页面中按图 9-10 建立一个表单。要求输入完表单信息后,按提交按钮调用相应的 Java Bean 处理,该 Java Bean 可以在浏览器中将用户的信息显示出来。

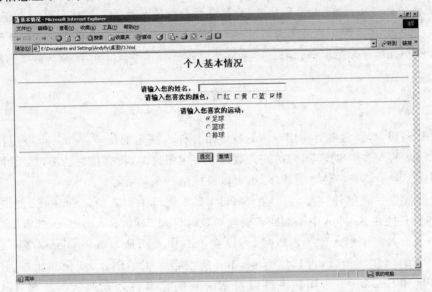

图 9-10 "个人基本情况"表单

第 10 章　JSP 其他常用技术

本章要点

众所周知,JSP 1.2 是根据最新版本 Servlet 2.3 规范制定的,因而,本书中使用的 JSP 1.4.2 已完全能够利用 servlet 的全部新增功能,如经过改进的监听器、过滤器、国际化转换器等。本章将通过实例详细介绍如何在 JSP 中灵活地监听 session 对象的创建、销毁以及 session 所携带数据的创建、变化和销毁,如何监听会话的属性等。过滤器是一种组件,可以解释对 servlet、JSP 页面或静态页面的请求以及发送给客户端之前的应答。这样应用于所有请求的任务将很容易集中在一起。本章最后详细探讨了开发 JSP 网站应该遵循的规则。

10.1　监　　听

在 JSP 编程中,经常需要应用程序对特定事件作出一定的反应。如某个应用程序可以对访问某网站的人数作出反应,当访问人数超过一定限度时,将会拒绝新用户登录网站。这种应用程序实际上就是一种监听程序,也可以说成是一个监听器。

监听器就是一种组件类型,它是在 Servlet 2.3 规范中引入的。Servlet 2.3 之前进行 JSP 编程时,只能在 Session 中添加或者删除对象时处理 Session Attribute 绑定事件。但是当 Servlet 2.3 规范中引入监听器以后,可以在 JSP 中灵活地监听 session 对象,可以监听 session 对象的创建和销毁,可以监听 session 所携带数据的创建、变化和销毁,还可以为 Servlet 环境和 Session 生命周期事件以及激活和钝化事件创建监听器。而且我们使用 Session 监听器可以监听所有会话的属性,而不需要在每个不同的 session 中单独设置 Session 监听器对象。

例 10-1　说明一个具体的会话对象监听器(HttpSessionListener 接口)。它可以实时监听 Web 程序中的活动会话的数量,即实时统计当前有多少个在线用户。文件名为 ex10-1.jsp,运行结果如图 10-1 所示,其源代码如下:

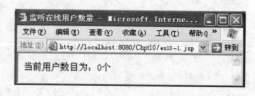

图 10-1　ex10-1.jsp 运行结果

ex10-1.jsp

```
<%@ page import="Bean. * "%>
<%@ page contentType="text/html; charset=GB 2312"%>
<%@ page language="java"%>
<%@ page import="java.io. * "%>
<HTML>
<HEAD>
<TITLE>
```

```
监听在线用户数量
</TITLE>
</HEAD>
<BODY>
<%
int count=Bean.SessionCount.getCount();
out.println("当前用户数目为："+count+"个");
%>
</BODY>
</HTML>
```

其中,监听类 SessionCount 的定义如下。

```
package Bean;
import javax.servlet.*;
import javax.servlet.http.*;
public class SessionCount implements HttpSessionListener
{
  private static int count=0;

  public void sessionCreated(HttpSessionEvent se)
  {
    count++;
    System.out.println("session 创建："+new java.util.Data());
  }

  public void sessionDestroyed(HttpSessionEvent se)
  {
    count--;
    System.out.println("session 销毁:"+new java.util.Data());
  }

  public static int getCount()
  {
    return(count);
  }
}
```

接下来可以在 WEB-INF/web.xml 中声明这个监听类,代码如下：

```
<listener>
<listener-class>
Bean.SessionCount
</listener-class>
</listener>
```

显然在 ex10-1.jsp 程序中并没有创建任何的 Session 对象,但是当重新启动 Tomcat 服务器,并在浏览器地址栏中输入 http://localhost:8080/chpt10/ex10-1.jsp 运行时,不难发现监听器已经开始工作。

10.2 过　　滤

在开始本节之前,有必要说明 JSP 与 Servlet 之间的关系。简单地说,Java Servlet 是由一些 Java 组件构成的。这些组件能够动态扩展 Web 服务器的功能。整个 Java 的服务器端编程就是基于 Servlet 的。Sun 公司推出的 Java Server Page(JSP)就是以 Java Servlet 为基础的。所有的 JSP 文件都要事先转变成一个 Servlet,即一个 Java 文件才能运行。JSP 能做到的,Servlet 也都能做到,但是它们却各有所长。Servlet 比较适合作为控制类组件,比如视图控制器等。除此之外,Servlet 还可以担当过滤器、监听器的角色等。Servlet 不仅可以动态生成 HTML 内容,还可以动态生成图形。简单地说,Servlet 在项目中作为控制类的组件,并且处理一些后台业务,JSP 则作为显示组件。

在本节,将介绍 Servlet 担任过滤器角色的使用方法。过滤器是一种组件,可以解释对 Servlet、JSP 页面或静态页面的请求以及发送给客户端之前的应答。这样应用于所有请求的任务将很容易集中在一起。通常在 Servlet 作为过滤器使用时,它可以对客户的请求进行过滤处理,当它处理完成后,它会交给下一个过滤器处理,就这样,客户的请求在过滤链里一个个处理,直到请求发送到目标。这就好比过滤器是一个通道,客户端和服务器端的交互都必须通过这个过道。打个比方,学生首次登录学校的教学网站时需要提交"修改的学生个人注册信息"网页,当学生填写完毕个人注册信息,单击提交按钮后,教学服务器端会执行两个操作过程:一是客户端的 session 是否有效;二是对客户端提交的数据进行统一编码,比如按照 GB 2312 对数据进行处理。显然这两个操作过程本身就构成了一个最简单的过滤链。当客户端的数据经过过滤链处理成功后,把提交的数据发送到最终目标;否则将把视图派发到指定的错误页面。

例 10-2　开发过滤器。首先给出编码过滤器 EncodingFilter.java,该过滤器可以对用户提交的信息用 GB 2312 进行重新编码。为此先开发一个 Filter,这个 Filter 需要实现 Filter 接口,Filter 接口定义的方法如下:

```
destroy()                          //destroy 方法由 Web 容器调用,功能为销毁此 Filter
init(FilterConfig filterConfig)    //init 方法由 Web 容器调用,功能为初始化此 Filter
doFilter(ServletRequest request,ServletResponse response,FilterChain chain)
                                   //功能为过滤处理代码
```

EncodingFilter.java 程序的代码如下:
EncodingFilter.java

```
import javax.servlet.FilterChain;
import javax.servlet.ServletRequest;
import javax.servlet.ServletResponse;
import java.io.IOException;
```

```
import javax.servlet.Filter;
import javax.servlet.http.HttpServletRequest;
import javax.servlet.http.HttpServletResponse;
import javax.servlet.ServletException;
import javax.servlet.FilterConfig;

public class EncodingFilter implements Filter
{

private String targetEncoding="GB 2312";
protected FilterConfig filterConfig;

public void init(FilterConfig config) throws ServletException {
    this.filterConfig=config;
    this.targetEncoding=config.getInitParameter("encoding");
    }

public  void doFilter(ServletRequest srequest, ServletResponse sresponse,
FilterChain chain)throws IOException, ServletException {

    HttpServletRequest request=(HttpServletRequest)srequest;
    request.setCharacterEncoding(targetEncoding);
    chain.doFilter(srequest,sresponse);
    }

public void destroy()
    {
    this.filterConfig=null;
    }

    public void setFilterConfig(final FilterConfig filterConfig)
    {
        this.filterConfig=filterConfig;
    }
}
```

　　接下来给出登录过滤器 LoginFilter. java,该过滤器可以对用户的登录行为进行过滤,可以检查出用户是否进行了登录,具体源代码如下:

LoginFilter. java

```
import javax.servlet.FilterChain;
import javax.servlet.ServletRequest;
import javax.servlet.ServletResponse;
```

```java
import java.io.IOException;
import javax.servlet.Filter;
import javax.servlet.http.HttpServletRequest;
import javax.servlet.http.HttpServletResponse;
import javax.servlet.ServletException;
import javax.servlet.FilterConfig;

public class LoginFilter implements Filter
{
    String LOGIN_PAGE="userinit.jsp";
    protected FilterConfig filterConfig;

    public void doFilter(final ServletRequest req,final ServletResponse
res,FilterChain chain)throws IOException,ServletException
    {
        HttpServletRequest hreq=(HttpServletRequest)req;
        HttpServletResponse hres=(HttpServletResponse)res;
        String isLog=(String)hreq.getSession().getAttribute("isLog");
if((isLog!=null)&&((isLog.equals("true"))||(isLog=="true")))
        {
            chain.doFilter(req,res);
            return;
        }
        else
            hres.sendRedirect(LOGIN_PAGE);
    }

    public void destroy()
    {
        this.filterConfig=null;
    }
    public void init(FilterConfig config)
    {
        this.filterConfig=config;
    }
    public void setFilterConfig(final FilterConfig filterConfig)
    {
        this.filterConfig=filterConfig;
    }
}
```

  接下来可以在 WEB-INF/Web. xml 中声明这两个过滤类,需要注意的是,配置 Filter 时,须首先指定 Filter 的名字和 Filter 的实现类,若有必要,还要配置 Filter 的初始参数;然后给 Filter 做映射,这个映射是用来指定需要过滤的目标,包括 JSP 或 Servlet 等。在本例中，指定了 EncodingFilter 为所有的 JSP 和 Servlet 做过滤，LoginFilter 为 usertarget. jsp 做过滤。这样，当客户请求 usertarget. jsp 时，首先要经过 EncodingFilter 的处理，然后经过 LoginFilter 的处理，最后才把请求传递给 usertarget. jsp。其代码如下：

Web. xml

```
<web-app>
  <filter>
    <filter-name>encoding</filter-name>
        <filter-class>EncodingFilter</filter-class>
        <init-param>
            <param-name>encoding</param-name>
            <param-value>GB 2312</param-value>

        </init-param>
  </filter>
  <filter>
      <filter-name>auth</filter-name>
      <filter-class>LoginFilter</filter-class>
  </filter>

  <filter-mapping>
     <filter-name>encoding</filter-name>
     <url-pattern>/*</url-pattern>
  </filter-mapping>
  <filter-mapping>
          <filter-name>auth</filter-name>
          <url-pattern>/usertarget.jsp</url-pattern>
  </filter-mapping>
</web-app>
```

将以上 Java 程序编译后部署到 Tomcat 服务器中，将事先编好的 usertarget. jsp、userinit. jsp(同学可以动手编写这两个 JSP 页面，参照 JSP 表单处理)存放在本章项目 chpt10 目录下，然后启动 Web 服务器。在 IE 浏览器地址栏里输入 http://127. 0. 0. 1:8080/chpt10/usertarget. jsp 后过滤器将会把视图派发到 http://127. 0. 0. 1:8080/chpt10/userinit. jsp 中。为简化起见(对用户的身份信息的认证可以暂不考虑)，可以通过使用〈% session. setAttribute ("isLog","true")；%〉来直接设置用户已经登录。在 userinit. jsp 里，可以输入一些中文的信息进行提交。由于提交的信息已经被 EncodingFilter 过滤器使用 GB 2312 重新编码了，所以在 usertarget. jsp 里能够看到正确的中文信息。

上述登录验证只映射了"/usertarget. jsp"，若映射成未登录就不允许访问文件夹"/specialuser/ *"，则可以使这个文件夹下的所有文件必须经过合法登录后使用，这样就避免了在每页判断是否登录。

10.3 文件操作

在进行 JSP 网页编程时,经常需要将用户在客户端提交的信息保存到服务器中的某个文件里,或者根据用户的请求将服务器中某文件的内容发送到客户端显示出来。这些过程的实现都是借助于 JSP 当中的 Java 输入输出流来完成的。

10.3.1 File 类

功能:File 类的对象主要用于获得文件本身的信息。

创建 File 类对象的三种方法如下:

```
File(String 文件名)
```

注意:上述方法创建的文件对象存放在 D:\Tomcat\Bin 下。

```
File(String 文件路径名, String 文件名)
File(File 指定目录的文件名,String 文件名)
```

File 类中获得文件属性的方法如下:

Public String getName():获得文件的名称。

Public boolean canRead():判断文件是否可读。

Public boolean canWrite():判断文件是否可被写入。

Public boolean exits():判断文件是否存在。

Public long length():获得文件的长度。

Public String getAbsolutePath():获得文件的绝对路径。

Public String getParent():获得文件的父目录。

Public boolean isFile():判断文件是目录还是文件。

Public boolean isDictionary():判断文件是否是目录。

Public boolean isHidden():判断文件是否隐藏。

Public String getName():获得文件的名称。

例 10-3 使用方法 length()来获取文件长度。文件名为 ex10-3. jsp,运行结果如图 10-2 所示,其源代码如下:

ex10-3. jsp

```
<%@ page contentType="text/html; charset=GB 2312"%>
<%@ page import="java.io. * "%>
<%@ page language="java"%>
<HTML>
<HEAD>
<TITLE>获取文件长度应用实例
</TITLE>
</HEAD>
```

```
<BODY>
<%File f=new
File("D:\\Webexa\\chpt19","aaa.jsp");
%>
<CENTER>
文件 aaa.jsp 的长度为:
<%=f.length()   %>字节
</CENTER>
</BODY>
</HTML>
```

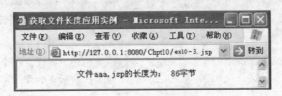

图 10-2   ex10-3.jsp 运行结果

10.3.2 建立文件与删除文件

File 对象通过调用 Public boolean createNewFile()方法以及 Public boolean delete()方法来创建文件和删除文件。

例 10-4   使用以上方法来创建和删除文件。文件名为 ex10-4.jsp,运行结果如图 10-3 和图 10-4 所示,其源代码如下:

ex10-4.jsp

```
<%@page contentType="text/html; charset=GB 2312"%>
<%@page import="java.io. * "%>
<%@page language="java"%>
<HTML>
<HEAD>
<TITLE>创建文件和删除文件应用实例</TITLE>
</HEAD>
<BODY>
<CENTER>
<FONT SIZE=6><FONT  COLOR=red>
<B>
创建文件和删除文件
</B>
</FONT>
</FONT>
</CENTER>
<BR>
<HR>
<BR>
```

```
<%
String path=request.getRealPath("/user");
File fileName=new File(path, "oneFile.txt");
if(fileName.exists())
{
fileName.delete();                              //删除 oneFile.txt 文档
out.println(path+ "\\oneFile.txt");             //输出目前所在的目录路径
%>
<FONT SIZE=5><FONT COLOR=red>存在，目前已完成删除！
</FONT></FONT>
<%
}
else
{
fileName.createNewFile();                       //在当前目录下建立一个名为 File.txt 的文档
out.println(path+ "\\oneFile.txt");             //输出目前所在的目录路径
%>
<FONT SIZE=5><FONT COLOR=blue>不存在，目前已建立新的 oneFile.txt 文档</FONT></FONT>
<%
}%>
</BODY></HTML>
```

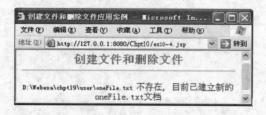

图 10-3　ex10-4.jsp 运行结果

图 10-4　刷新后的 ex10-4.jsp 运行结果

注意：本例中首先取得当前的磁盘路径 D:\tomcat\webapps\root\user，并将其指定为待建立文件的路径，然后在文件夹 user 中进行检查，如果文件 oneFile.txt 不存在，则建立这个文件，如果文件 oneFile.txt 存在，则删除这个文件。

10.3.3　列出目录中的文件

File 对象通过调用 Public File[] listFiles()方法来列出某一目录下的全部文件对象。显然，该方法首先要建立待显示的目录的 FILE 对象，然后调用 listFiles()方法，最终返回一个 FILE 对象数组，并显示出数组中的全体元素。

例 10-5　用 listFiles()方法来显示目录 D:\tomcat\webapps\root\user 下的全体 File 对象，文件名为 ex10-5.jsp，运行结果如图 10-5 所示，其源代码如下：

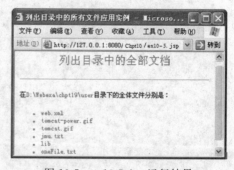

图 10-5　ex10-5.jsp 运行结果

ex10-5. jsp

```
<%@page contentType="text/html; charset=GB 2312"%>
<%@page language="java"%>
<%@page import="java.io. * "%>
<HTML>
<HEAD>
<TITLE>列出目录中的所有文件应用实例</TITLE>
</HEAD>
<BODY>
<CENTER>
<FONT SIZE=6><FONT COLOR=red>列出目录中的全部文档
</FONT></FONT>
</CENTER>
<BR>
<HR>
<BR>
<%
String path=request.getRealPath("/user");        //取得当前目录
File f=new File(path);                           //创建当前目录下的文件对象变量
File list[]=f.listFiles();                       //取得列出目录中所有文件
%>
在<Font color=red><%=path%></Font>目录下的全体文件分别是：<BR>
<Font color=red>
<ul>
<%
for(int i=0; i<list.length; i++)
{
%>
<li><%=list[i].getName()%><BR>
<%
}
%></ul></Font></BODY></HTML>
```

10.3.4 读取文件中的字符

File 对象通过调用 int read()方法从文件中读取单个字节的数据。该方法返回的字节值是 0～255 之间的一个整数。如果读取失败就返回－1。需要说明的是，read()方法是 InputStream 类的常用方法。Java. io 包中提供大量的流类。所有的字节输入流类都是 InputStream 抽象类的子类。而所有的字节输出流类都是 OutputStream 抽象类的子类。

例 10-6 使用 read()方法从文件中读取所要显示的字符，文件名为 ex10-6. jsp，运行结

果如图·10-6 所示,其源代码如下:

ex10-6. jsp

```
<%@page contentType="text/html; charset=GB 2312"%>
<%@page language="java"%>
<%@page import="java.io.*"%>
<HTML>
<HEAD>
<TITLE>读取文件中的字符应用实例</TITLE>
</HEAD>
<BODY>
<CENTER>
<FONT SIZE=6>
<FONT COLOR=red>
读取文件中的字符
</FONT>
</FONT>
</CENTER>
<BR>
<HR>
<BR>
<FONT COLOR=blue>
<%
String path=request.getRealPath("/user");            //取得当前目录
FileReader fread=new FileReader(path+"\\jmu.txt");
int ch=fread.read();
while(ch!=-1)                                         //是否已读到文件的结尾
{
out.print((char) ch);
ch=fread.read();
if(ch==13)                                            //判断是否为断行字节
{
out.print("<BR>");                                    //输出分行标签
fread.skip(1);                                        //跳过一个字节
ch=fread.read();                                      //读取一个字节
}
}
fread.close();                                        //关闭文件
%>
</font>
</BODY>
</HTML>
```

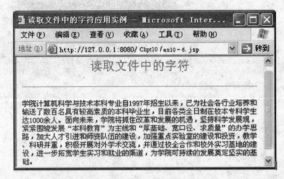

图 10-6 ex10-6.jsp 运行结果

10.3.5 将数据写入文件

File 对象通过调用 write()方法来向文件中写入单个字符的数据。10.3.4 小节学习了使用字节流读文件,但是字节流不能直接操纵 Unicode 字符。尤其在处理汉字时,如果使用字节流读写就会出现乱码,这是因为汉字在计算机中存储时占用两个字节。为此 Java 特别提供了字符流来读写文件。需要说明的是,write()方法就是字符输出流类的常用方法。Java.io 包中提供大量的流类,所有的字符输出流类都是 Writer 抽象类的子类。而所有的字符输入流类都是 Reader 抽象类的子类。

例 10-7 使用 write()方法向文件中写入字符,文件名为 ex10-7. jsp,运行结果如图 10-7 所示,其源代码如下:

ex10-7. jsp

```
<%@ page contentType="text/html; charset=GB 2312"%>
<%@ page language="java"%>
<%@ page import="java.io.*"%>
<HTML>
<HEAD>
<TITLE>
向文件中写数据应用实例
</TITLE>
</HEAD>
<BODY>
<CENTER>
<FONT SIZE=6>
<FONT COLOR=red>
<B>
将数据写入文件
</B>
</FONT>
</FONT></CENTER><BR><HR><BR>
<%
String path=request.getRealPath("/user");
```

```
//获取当前目录
FileWriter fwrite=new FileWriter(path+"\\oneFile.txt");
fwrite.write("同学们,2007年元旦就要到了!");
//向文件中写入字符
fwrite.write("祝大家新年快乐!");
fwrite.write("希望大家在新的一年里百尺竿头,更进一步!");
fwrite.close();
//关闭文件
%>
<P>向文件 oneFile.txt 里写入的文本内容为</P>
<FONT SIZE=4>
<FONT COLOR=blue>
<%
FileReader fread=new FileReader(path+"\\oneFile.txt");
BufferedReader br=new BufferedReader(fread);
String Line=br.readLine();
//读取一行字符
out.println(Line+"<BR>");
//输出读取的字符内容
br.close();
//关闭 BufferedReader 对象
fread.close();
//关闭文件
%>
</FONT></FONT></BODY></HTML>
```

图 10-7　ex10-7.jsp 运行结果

10.4　网站设计应注意的问题

10.4.1　JSP 网站目录设计

Tomcat 中包含的 Web 服务器的文档目录在缺省状态下为 webapps,主文档在缺省状态下为 index.html 和 index.jsp。在浏览器的地址栏中输入 http://localhost:8080 后,相当于访问 webapps/ROOT 目录中的 index.html。因此,系统默认的 JSP 网站目录是

webapps/ROOT,其主页为 index. html。但是,对于用户来说,一定要把 Tomcat 网站根目录认为是 webapps。用户的每个网站放在 webapps 下,是子网站,如本章的实例保存在 webapps/chpt10 目录下。随后便可以通过浏览器访问这些页面了。如果需要用到 Java 程序、组件或类库,在用户的子网站目录下还必须有 WEB-INF 文件夹,其中最重要的是应当有配置文件 web. xml。当然,也可以建立自己的 Web 服务目录。比如将 D:\MyWeb 作为 JSP 网站目录,并让用户使用虚拟目录/MyWeb 访问。需要修改 server. xml,用记事本打开该文档并在〈/Host〉一句之前加入如下文本:

```
<Context path="" doBase="d:/MyWeb"  debug="0"  reloadable="true">
</Context>
```

重新启动 Tomcat 服务器,即可通过浏览器访问虚拟目录/MyWeb 中的 JSP 网页了。对于一个项目或虚拟目录的设置,一般不要动 server. xml。好的习惯是在"Tomcat 安装目录\conf\\Catalina\localhost"下建立虚拟目录的 xml 文件。例如本章作为一个项目,则建立 chpt10. xml,其中写入以下一句即可:

```
<Context path="/chpt10" docBase="D:\Webexa\chpt10" reloadable="true"/>
```

其中,D:\Webexa\chpt10 是项目文件的物理位置,path＝"/chpt10"用于指定访问的虚拟目录名称。

在建立 JSP 网站目录时需要注意以下几点:

(1) 目录建立应以最少的层次提供最清晰简便的访问结构。

(2) 每个项目一般是一个虚拟目录,若大项目中有几个子网站,则可以设置多个虚拟目录。

(3) 目录的命名以小写英文字母和下划线组成（参照命名规范）。

(4) 根目录一般只存放 index. htm 以及其他必需的系统文件。

(5) 每个主要栏目开设一个相应的子目录。

(6) 根目录下的 images 用于存放各页面都要使用的公用图片,子目录下的 images 目录存放各个栏目用到的图片。

(7) 所有 flash、avi、ram、quicktime 等多媒体文件存放在根目录下的 media 目录中。

(8) 所有 JS 脚本存放在根目录下的 scripts 目录下。

(9) 所有 CSS 文件存放在根目录下的 style 目录或 css 目录下,每个网页在设计时对于字体、颜色、表格等样式不要涉及,统一使用指定的 CSS 样式就行了。

(10) 每个语言版本存放于独立的目录下。例如,简体中文 gb。

(11) Java 文件都放在默认的 WEB-INF/classes 下,并分门别类建立子文件夹。

10.4.2 JSP 网站形象设计

网站的形象设计是很重要的,在设计网站时需注意以下几点:

(1) 网站界面尽量做到风格统一。

(2) 网站必须设置明显的标志,标志要简单易记。

(3) 网站色彩运用上应该有自己的主体色。

（4）标准色原则上不超过两种，如果有两种，其中一种为标准色，另一种为标准辅助色。

（5）标准色应尽量采用 216 种 Web 安全色之内的色彩。

（6）网站应该尽可能使用标准字体。

（7）多使用 JSP 注释，增强可读性。

需要指出的是，在 JSP 网页设计时要充分利用 JSP 的 include 文件包含指令，该指令允许在一个 JSP 页面中插入多个其他文件，从而实现统一的网站界面。比如我们建立如下的 JSP 页面结构：

```
<%@ include file="topweb.htm"%>
<%
//实现网站中相应功能的代码
%>
<%@ include file="bottomweb.htm"%>
```

如果 JSP 网站中大部分页面都采用这样的结构，不仅风格上统一起来，而且修改起来也非常简便。只需修改 topweb. htm 和 bottomweb. htm 两个页面即可对所有页面产生影响。

10.4.3 Java 技术的运用

JSP 是使用 Java 开发 Web 应用程序的技术。具体运用 Java 的途径有 4 种：

1. 夹杂 Java 代码的 JSP 网页

静态的 html 页面中加入 Java 代码片段，这种灵活的技术使简单 Web 应用的快速开发成为可能。初学者往往喜欢这种方式。

2. 运用 Java Bean

Java Bean 是 Java 程序的一种组件，其实就是 Java 类。Java Bean 规范将"组件软件"的概念引入到 Java 编程的领域。我们知道组件是自行进行内部管理的一个或几个类所组成的软件单元；对于 Java Bean 可以使用基于 IDE 的应用程序开发工具，可视地将它们编写到 Java 程序中。Java Bean 为 Java 开发人员提供了一种"组件化"其 Java 类的方法。由于 Java Bean 本身就是 Java 类，所以完全支持面向对象的技术。可以根据 JSP 中不同的实现功能事先编写好不同的 Java Bean，在需要时嵌入到 JSP 中从而形成一套可重复利用的对象库。EJB 是 Java Bean 技术在企业信息平台中的高级应用。

3. 使用 Servlet

Servlet 是服务器端小程序。Servlet 可以和其他资源（如文件、数据库、Applet、Java 应用程序等）交互，以生成返回给客户端的响应内容。如果需要，还可以保存请求-响应过程中的信息。采用 Servlet，服务器可以完全授权对本地资源的访问（如数据库），并且 Servlet 自身将会控制外部用户的访问数量及访问性质。Servlet 可以是其他服务的客户端程序，例如，它们可以用于分布式的应用系统中，可以从本地硬盘，或者通过网络从远端硬盘激活 Servlet。Servlet 可被链接（chain）。一个 Servlet 可以调用另一个或一系列 Servlet，即成为它的客户端。采用 Servlet Tag 技术，可以在 HTML 页面中动态调用 Servlet。在 MVC 模式中，Servlet 是最重要的一环。

4. 直接使用 Java 类

Java 程序编译后可以直接使用，灵活方便。在 JSP 中使用 Java 类，需要把编译后的 class 文件放在项目的 WEB-INF\lib 中(可以打包)。调用时，先要用 import 语句导入，然后就可以用于创建对象实例了。

在维护方面，上述后三种方式很容易，Java 程序的更新不影响引用它的界面。单纯的 JSP 网页，现在已经很少使用，利用后三种技术，可以大大扩充网站的功能，提高代码的复用率和改善网站的结构。其中 Servlet 一般用于网站结构的控制，编写 Servlet 必须继承特定的 Java 类；Java Bean 和直接的普通 Java 类用于业务逻辑处理与工具组件，编写灵活，没有限制。

10.4.4　网站设计要充分考虑数据库连接技术

网站或其他信息系统的主要目的是信息的发布、存储、检索，数据库技术是各类信息系统的核心。我们在进行网站设计的时候经常会处理大量的数据，这些数据不可能都放在 JSP 页面和 Java 类中。理想的办法是将数据存入数据库，然后在 JSP 页面或 Java 类中访问数据库来完成数据处理的过程。

总之，当利用 JSP 设计网站时，要充分考虑到以上的因素。同时在实践中要注意经验的积累，相信经过长期的努力，读者一定能开发出优秀的 JSP 网站。

本 章 小 结

本章首先介绍了 JSP 中的监听程序，监听器是一种组件类型，通过它可以在 JSP 中灵活地监听 session 对象的创建、销毁以及 session 所携带数据的创建、变化和销毁，还可以监听所有会话的属性，而不需要在每个不同的 session 中单独设置 session 监听器对象。在 Servlet 技术中已经定义了一些事件，并且可以针对这些事件来编写相关的事件监听器，从而对事件作出相应处理。Servlet 事件主要有 3 类：Servlet 上下文事件、会话事件与请求事件。当事件为 Http 会话时，可以利用 Servlet 监听 Http 会话活动情况、Http 会话中属性设置情况，也可以监听 Http 会话的 active、paasivate 情况等。该监听器需要用到如下多个接口类：

(1) HttpSessionListener：监听 HttpSession 的操作。当创建一个 Session 时，激发 session Created (SessionEvent se) 方法；当销毁一个 Session 时，激发 sessionDestroyed (HttpSessionEvent se)方法。

(2) HttpSessionActivationListener：用于监听 Http 会话 active、passivate 情况。

(3) HttpSessionAttributeListener：监听 HttpSession 中属性的操作。当在 Session 增加一个属性时，激发 attributeAdded(HttpSessionBindingEvent se) 方法；当在 Session 删除一个属性时，激发 attributeRemoved(HttpSessionBindingEvent se)方法；在 Session 属性被重新设置时，激发 attributeReplaced(HttpSessionBindingEvent se) 方法。

过滤器是一种组件，可以解释对 Servlet、JSP 页面或静态页面的请求以及发送给客户端之前的应答。这样应用于所有请求的任务将很容易集中在一起。其次，JSP 网页编程经常需要将用户在客户端提交的信息保存到服务器中的某个文件里，或者根据用户的请求将服务器中某文件的内容发送到客户端显示出来。这些过程的实现都是借助于 JSP 当中的 Java 输入输出流来完成的。本章最后详细探讨了开发 JSP 网站应该遵循的规则。

习题及实训

1. 简要叙述对 JSP 监听器的认识。
2. 简要叙述对 JSP 过滤器的认识。
3. 简要叙述如何设计 JSP 网站。

第 11 章　JBuilder 技术

本章要点

本章主要介绍 J2EE 主流开发工具——JBuilder 2008。读者在学习的过程中主要须掌握 JBuilder 2008 的使用方法以及各部分主要功能,并能在实际开发中应用这些方法。

11.1　JBuilder 2008 简介

JBuilder 2008 是 CodeGear 公司最新版本的企业级基于 Eclipse 的 Java IDE,支持领先的商业开源 Java EE 5 应用程序服务器。JBuilder 2008 提供可靠的、值得信赖的全套商业解决方案,同时能够充分利用 Eclipse 开源框架和工具的经济效益。基于 Eclipse 3.3(Europa)和 Web Tools Platform (WTP) 2.0 版本的 JBuilder 包括最新的应用程序服务器支持,增加了 TeamInsight 和 ProjectAssist,并且改进了代码覆盖和性能分析工具,还包括一个升级版本的 InterBase。此外,CodeGear 还增加了一套全面的用户界面构造工具,使得开发者能够快速创建 Java Swing 应用程序。

JBuilder 2008 在明显增加了如上这些新特点外,同时还提高了标准,利用应用软件工厂(Application Factories)重新开发 Java IDE。Application Factories 是进行软件开发和代码复用的一种新方法。这种创新的开发方法及其相关配套工具使得开发者能够更集中于应用程序的性质和目的,而不是关注于所使用的平台、框架和工具。

11.2　JBuilder 2008 的安装和设置

11.2.1　系统要求

JBuilder 2008 的安装需要计算机的配置如下:

(1) CPU:最小值 400MHz(推荐 1GHz)。

(2) RAM:最小值 512MB(推荐 768MB)。

(3) 硬盘空间:700MB～1.2GB。

11.2.2　JBuilder 2008 的下载与安装

可以到 www.embarcadero.com 上获得最新版本的试用。现在最新版本是 JBuilder 2008,可以到 https://downloads.embarcadero.com/free/jbuilder 上下载到该版本的试用版本。

下载完毕后安装,如图 11-1 所示。

选择 JBuilder 2008 R2 进行安装,按照提示进入下一步。安装完毕后有 30 天的试用时间。

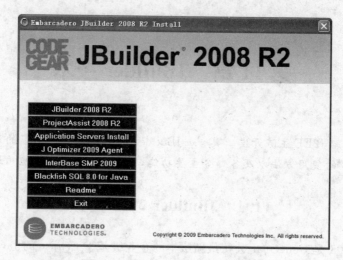

图 11-1　JBuilder 2008 R2 安装界面

11.2.3　JBuilder 的界面

JBuilder 2008 主界面如图 11-2 所示。

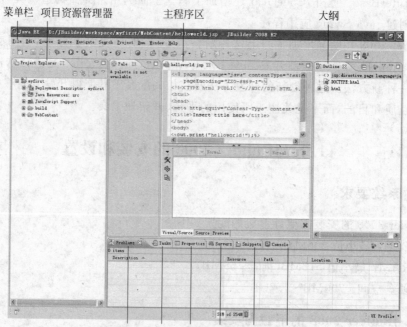

图 11-2　JBuilder 2008 主界面

在 JBuilder 2008 界面中,顶部是菜单和工具栏按钮,这和其他软件界面相同。主界面中部分组件作用如下:

(1) 资源管理器:显示工程中的内容列表。

(2) 主程序区:显示所开发的程序的主要界面,如果是 JSP 程序,可以切换为三种方式显示：Visual/Source(视觉/代码)、Source(代码)、Preview(预览)。这样便于开发过程中的切换。

（3）大纲区：根据主程序显示相应的标签内容。

（4）错误区：显示调试程序过程中的错误以及警告提示。

（5）服务器区：显示系统中安装的相关的服务器软件。

（6）控制台：显示控制台相关程序输出内容。

以上便是关于 JBuilder 的简单介绍，JBuilder 很复杂，但是功能比较直观，这里不做详细介绍。

11.2.4 在 JBuilder 2008 中配置 JBoss 5.0

为什么要用 JBoss? JBoss 是一个运行 EJB 的 J2EE 应用服务器。它是开放源代码的项目，遵循最新的 J2EE 规范。从 JBoss 项目开始至今，它已经从一个 EJB 容器发展成为一个基于的 J2EE 的 Web 操作系统(operating system for Web)。可以从 http://www.jboss.org/jbossas/downloads/下载到最新版本。本书中使用的是 jboss-5.0.0。下载完毕后，解压到本地磁盘下，例如 D:\JBuilder2008R2\jboss-5.0.0.GA 目录下。

安装 JDK 1.6 来满足 JBoss 5.0 的运行，可以到以下链接去下载。

http://www.java.net/download/jdk6/6u10/promoted/b32/binaries/jdk-6u10-rc2-bin-b32-windows-i586-p-12_sep_2008.exe

下载完毕后，双击安装，选择 JDK 目录。配置 JDK 1.6，选择 Windows|Preferences 命令，打开如图 11-3 所示的窗口。

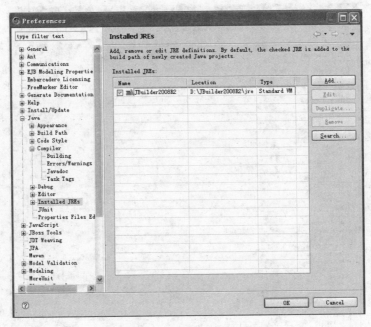

图 11-3　配置 JDK 1.6 界面

单击 Add 按钮，选择刚才安装 JDK 1.6 的目录。

下面介绍如何在 JBuilder 2008 中配置 JBoss。

选择 Windows|Preferences 命令,进入以下配置窗口,如图 11-4 所示。

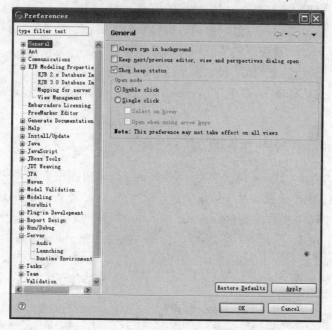

图 11-4 配置 JBoss(一)

在左侧窗格中选择 Server|Runtime Environment 项,如图 11-5 所示。

图 11-5 配置 JBoss(二)

单击右侧 Add 按钮,打开如图 11-6 所示窗口。

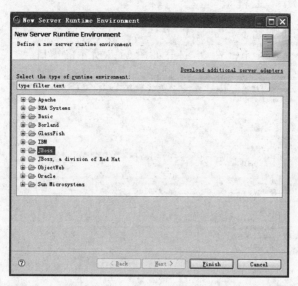

图 11-6　配置 JBoss(三)

打开 JBoss,选择 JBoss v5.0,单击 Next 按钮,进入如图 11-7 所示界面。

图 11-7　配置 JBoss(四)

Application Server Directory 项设置为 JBoss 5.0 的安装目录,单击 Finish 按钮,完成 JBoss 配置。

11.3　使用 JBuilder 2008 编写 JSP 程序

在这里,将利用 JBuilder 2008 来编写第一个 JSP 程序,JSP 服务器使用刚刚安装配置完毕的 JBoss 5.0。

11.3.1 新建 myfirst 工程

建立一个工程的步骤如下：

（1）选择 File|New|Project 命令，打开如图 11-8 所示的窗口。

图 11-8 新建项目

（2）选择 Web|Dynamic Web Project，创建动态 Web 项目，单击 Next 按钮，进入如图 11-9 所示的界面。

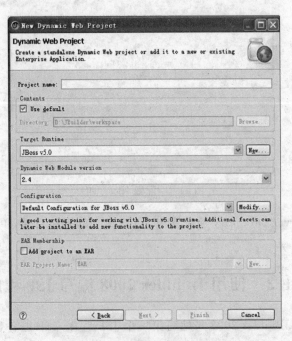

图 11-9 创建动态 Web 项目

需要设置以下内容：

① Project name：输入工程的名称，本例输入myfirst。

② Use default：选中表示使用默认路径，取消可以在 Directory 栏中输入目录名。本程序使用默认目录。

③ Target Runtime：选择运行服务器，本程序选择刚刚安装的 JBoss v5.0，也可以新增其他的服务器。

（3）单击 Finish 按钮，则在主窗口左侧出现如图 11-10 所示的窗口。

这样 myfirst 的动态 Web 项目就创建完成了。

图 11-10　myfirst 的动态 Web
　　　　　项目建成

11.3.2　创建 helloworld.jsp 页面

右击 myfirst 文件出现快捷菜单，选择 New|JSP 命令，打开如图 11-11 所示的窗口。

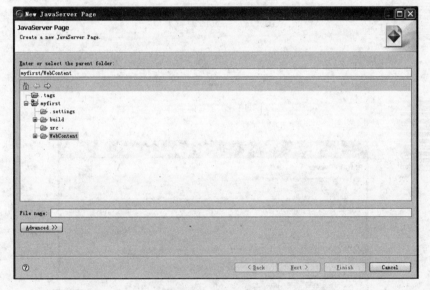

图 11-11　新建 JSP 页面

在 File name 文本框中输入 helloworld，单击 Finish 按钮，完成设置。

则在主窗口中出现 helloworld.jsp 的页面编辑窗口，如图 11-12 所示。

在〈body〉〈/body〉标签之间输入〈% out.print("helloworld!");%〉，保存该页面，作用是在页面上输出一段文字"helloworld!"。

11.3.3　编译代码

完成以上步骤后的工程就是一个完整的程序了，下面要利用 JBuilder 自身来完成编译并查看最终的结果。

如图 11-13 所示，单击工具栏中的 run 按钮，出现如图 11-14 所示的窗口。

图 11-12　页面编辑窗口

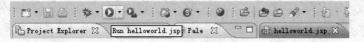

图 11-13　编译菜单

图 11-14　选择服务器

选择刚安装配置好的 JBoss 5.0 作为 Server，单击 Finish 按钮。

在主窗口中出现如图 11-15 所示的窗口。

这样，JBuilder 2008 就完成了第一个 JSP 程序的编写。

如果将程序修改为一个有错误的程序，编译又将如何呢？我们将〈%out. print("helloworld!");%〉修改为〈%out. printf("helloworld!");%〉，修改后的程序是一个错误的程序。编译时将出现怎样的提示呢？如图 11-16 所示。

在代码中出现 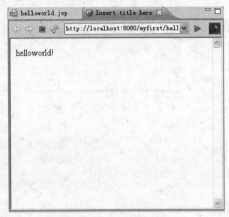 图标，表示该行有错误。鼠标放在该行，会出现提示栏，表示该程序的错误类型，也可以在下面 Problems 栏中发现该错误。

图 11-15　显示效果

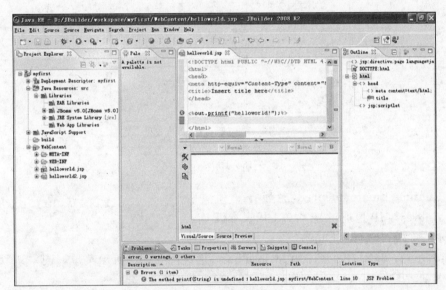

图 11-16　出错提示

11.3.4　在 IE 中运行程序

在 11.3.3 小节中，直接利用 JBuilder 以及内置的服务器程序运行了 myfirst 小程序，也可以直接利用 JBoss 服务器，在 IE 或者其他浏览器中打开 JSP 页面，查看运行效果。

启动 JBoss 服务器，可以在 JBuilder 下面 Servers 选项卡中找到刚才安装的 JBoss 服务器，如图 11-17 所示。

双击 JBoss v5.0，打开如图 11-18 所示的窗口。

图 11-18 中几个选项的说明如下：

（1）Server name：本服务器程序名称。

（2）Host name：主机名称，localhost 代表本地主机。

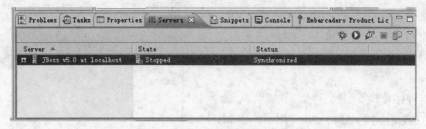

图 11-17　安装好的 JBoss 服务器

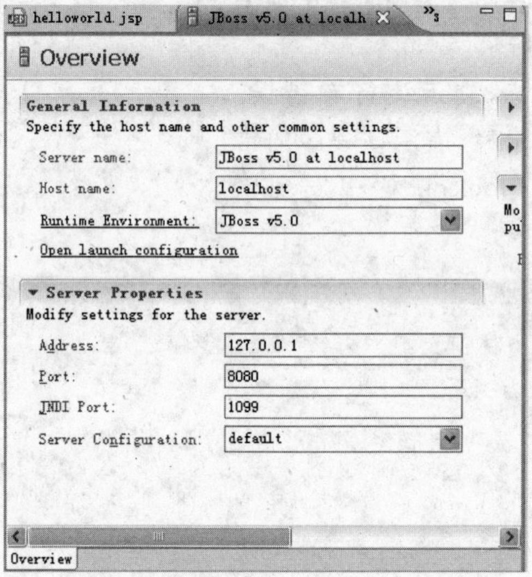

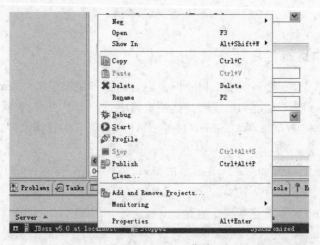

图 11-18　JBoss 配置

（3）Runtime Environment：运行环境。

（4）Address：IP 地址，127.0.0.1 代表本机 IP。

（5）Port：端口，默认为 8080。

右击图 11-17 中的 JBoss v5.0 at localhost，出现图 11-19 所示菜单，选择 Start，启动 JBoss 服务器。

图 11-19　JBoss 菜单

在 Console 栏目中可以显示 JBoss 启动的信息，看到如下信息：

```
10:34:12,718 INFO  [Server] JBoss (MX MicroKernel) [4.0.4.GA (build: CVSTag=JBoss_
4_0_4_GA date=200605151000)] Started in 27s:0ms
```

代表服务器启动成功。

打开 IE，在地址栏中输入 http://localhost:8080/myfirst/helloworld.jsp，可以看到程序调试结果。

本 章 小 结

本章主要对 JBuilder 2008 的使用以及部分功能做了介绍，读者一定要认真操作，才能对 JBuilder 2008 有进一步了解，这是学习后续章节内容的基础。

习题及实训

1. 尝试在 JBuilder 2008 中配置 JBoss 5.0。
2. 熟悉并操作 JBuilder 2008 的各部分功能。
3. 熟悉 JBuilder 界面，练习完成在 Web 上输出一段话的程序。

第 12 章　JDBC 新技术在 JSP 中的应用

本章要点

本章主要介绍 JSP 中最主要的技术——JDBC,通过举例说明如何通过 JDBC 连接并操作数据库。本章内容也是 JSP 数据库编程的基础。

12.1　JDBC 概述

JDBC(Java Data Base Connectivity,Java 数据库连接)是一种用于执行 SQL 语句的 Java API,可以为多种关系数据库提供统一访问,它由一组用 Java 语言编写的类和接口组成。JDBC 为工具/数据库开发人员提供了一个标准的 API,据此可以构建更高级的工具和接口,使数据库开发人员能够用纯 Java API 编写数据库应用程序。

12.2　JDBC 的分类

JDBC 按照工作方式分为 4 类。

1. JDBC-ODBC bridge＋ODBC 驱动

JDBC-ODBC bridge 驱动将 JDBC 调用翻译成 ODBC 调用,再由 ODBC 驱动翻译成访问数据库命令,如图 12-1 所示。

优点:可以利用现存的 ODBC 数据源来访问数据库。

缺点:其效率和安全性比较差,不适合用于实际项目。

2. 基于本地 API 的部分 Java 驱动

应用程序通过本地协议与数据库打交道,然后将数据库执行的结果通过驱动程序中的 Java 部分返回给客户端程序,如图 12-2 所示。

图 12-1　JDBC-ODBC bridge＋ODBC 驱动

图 12-2　基于本地 API 的部分 Java 驱动

优点：效率较高。

缺点：安全性较差。

3. 基于中间件驱动

应用程序通过中间件访问数据库，如图 12-3 所示。

优点：安全信较好。

缺点：两段通信，效率比较差。

4. 纯 Java 本地协议

通过本地协议用纯 Java 直接访问数据库，如图 12-4 所示。

图 12-3　基于中间件驱动

图 12-4　通过本地协议用纯 Java 直接访问数据库

特点：效率高，安全性好。

12.3　JDBC 连接数据库

JDBC 连接数据库分为两个步骤：装载驱动程序和建立连接。

12.3.1　装载驱动程序

装载驱动程序只需要非常简单的一行代码。例如，若想要使用 JDBC-ODBC 桥驱动程序，可以用下列代码装载它：

```
Class.forName("sun.jdbc.odbc.JdbcOdbcDriver");
```

驱动程序文档将告诉应该使用的类名。例如，如果类名是 jdbc. DriverABC，将用以下代码装载驱动程序：

```
Class.forName("jdbc.DriverABC");
```

12.3.2　建立连接

接下来的操作就是用适当的驱动程序类数据库建立一个连接。下列代码是一般的做法：

```
Connection con=DriverManager.getConnection(url, user, password);
```

这个步骤也非常简单，url 表示连接的链接，user 是连接数据库的用户名，password 是连接数据库的密码。

12.3.3 常见数据库连接

下面罗列了各种数据库使用 JDBC 连接的方式，其中 localhost 表示数据库地址，后紧跟着的数字表示数据库端口。

1. Oracle 8/8i/9i 数据库（thin 模式）

```
Class.forName("oracle.jdbc.driver.OracleDriver").newInstance();
String url="jdbc:oracle:thin:@localhost:1521:orclSID";        //orclSID 为数据库的 SID
String user="test";
String password="test";
Connection conn=DriverManager.getConnection(url,user,password);
```

2. DB2 数据库

```
Class.forName("com.ibm.db2.jdbc.app.DB2Driver ").newInstance();
String url="jdbc:db2://localhost:5000/sample";                //sample 为数据库名
String user="test";
String password="test";
Connection conn=DriverManager.getConnection(url,user,password);
```

3. SQL Server 7.0/2000 数据库

```
Class.forName("com.microsoft.sqlserver.jdbc.SQLServerDriver").newInstance();
String url="jdbc:sqlserver://localhost:1433;DatabaseName=myDB";    //myDB 为数据库名
String user="test";
String password="test";
Connection conn=DriverManager.getConnection(url,user,password);
```

4. Sybase 数据库

```
Class.forName("com.sybase.jdbc.SybDriver").newInstance();
String url=" jdbc:sybase:Tds:localhost:5007/myDB";             //myDB 为数据库名
Properties sysProps=System.getProperties();
SysProps.put("user","userid");
SysProps.put("password","user_password");
Connection conn=DriverManager.getConnection(url, SysProps);
```

5. Informix 数据库

```
Class.forName("com.informix.jdbc.IfxDriver").newInstance();
String url="jdbc:informix-sqli://localhost:1533/myDB:INFORMIXSERVER=myserver;
user=test;password=test";                                      //myDB 为数据库名
Connection conn=DriverManager.getConnection(url);
```

6．MySQL 数据库

```
Class.forName("org.gjt.mm.mysql.Driver").newInstance();
String url="jdbc:mysql://localhost/myDB?user=test&password=test&useUnicode=
true&characterEncoding=8859_1"                    //myDB 为数据库名
Connection conn=DriverManager.getConnection(url);
```

7．PostgreSQL 数据库

```
Class.forName("org.postgresql.Driver").newInstance();
String url="jdbc:postgresql://localhost/myDB"      //myDB 为数据库名
String user="test";
String password="test";
Connection conn=DriverManager.getConnection(url,user,password);
```

8．采用 ODBC 方式直接访问 Access 数据库

```
Class.forName("sun.jdbc.odbc.JdbcOdbcDriver");
String url="jdbc:odbc:Driver={MicroSoft Access Driver (*.mdb)};
DBQ="+application.getRealPath("/Data/ReportDemo.mdb");
Connection conn=DriverManager.getConnection(url,"","");
```

注意：以上每个连接驱动均要到网上去下载对应的驱动。SQL Server 7.0/2000 数据库的驱动由于版本的不同连接 URL 也有所不同。

12.4　JDBC 处理数据

12.4.1　创建 Statement 对象

Statement 对象用于把 SQL 语句发送到数据库，只需简单地创建一个 Statement 对象并采用适当的方法执行 SQL 语句。

需要一个活跃的连接来创建 Statement 对象的实例。在下面的例子中，使用 Connection 对象 con 创建 Statement 对象 stmt。

```
Statement stmt=con.createStatement();
```

到此 stmt 已经存在了，但它还没有把 SQL 语句传递到 DBMS。我们需要提供 SQL 语句作为参数提供给我们使用的 Statement 的方法。

12.4.2　执行语句

（1）executeUpdate：使用该方法可以创建表、改变表、删除表，也被用于执行更新表 SQL 语句。实际上，相对于创建表来说，executeUpdate 用于更新表更多一些，因为表只需要创建一次，但经常被更新。executeUpdate()会传回一个数值结果，表示语句影响的行数。

（2）executeQuery：被用来执行 SELECT 语句，它几乎是使用最多的执行语句。该语句执行后会将结果集返回给 java.sql.ResultSet，可以使用 ResultSet 的 next()来移动至下

一条记录，它会传回 true 或 false 表示是否有下一条资料，使用 get×××()来取得相应记录所对应的值。

（3）execute：用于执行返回多个结果集、多个更新计数或二者组合的语句。

例如：

```
Statement sta=con.createStatement();        //创建 Statement
String sql="insert into test(id,name) values(1,"+"'"+"test"+"'"+")";
sta.executeUpdate(sql);                     //执行 SQL 语句
String sql="select * from test";
ResultSet rs=sta.executeQuery(String sql);  //执行 SQL 语句,执行 SELECT 语句后有结果集
//遍历处理结果集信息
while(rs.next()){
System.out.println(rs.getInt("id"));
System.out.println(rs.getString("name"))
}
```

12.4.3 关闭数据库连接

（1）rs.close()：关闭 ResultSet。

（2）sta.close()：关闭 Statement。

（3）con.close()：关闭 Connection。

注意：ResultSet Statement Connection 是依次依赖的。要按先 ResultSet 结果集，而后 Statement，最后 Connection 的顺序关闭资源，因为 Statement 和 ResultSet 是需要连接才可以使用的，所以在使用结束之后有可能有其他的 Statement 还需要连接，因此不能先关闭 Connection。

12.5 JDBC 中重要的接口

12.5.1 Statement——SQL 语句执行接口

Statement 接口代表了一个数据库的状态，在向数据库发送相应的 SQL 语句时，都需要创建 Statement 接口或者 PreparedStatement 接口。在具体应用中，Statement 主要用于操作不带参数（可以直接运行）的 SQL 语句，比如删除、添加或更新语句。

使用方法：在 12.4 节介绍过需要一个活跃的连接来创建 Statement 对象的实例。

```
Statement stmt=con.createStatement();
```

12.5.2 PreparedStatement——预编译的 Statement

PreparedStatement 实例包含已编译的 SQL 语句。这就是使语句"准备好"。包含于 PreparedStatement 对象中的 SQL 语句可具有一个或多个 IN 参数。IN 参数的值在 SQL 语句创建时未被指定。相反，该语句为每个 IN 参数保留一个问号（"?"）作为占位符。每个问号的值必须在该语句执行之前，通过适当的 set×××方法来提供。

由于 PreparedStatement 对象已预编译过,所以其执行速度要快于 Statement 对象。因此,多次执行的 SQL 语句经常创建为 PreparedStatement 对象,以提高效率。

作为 Statement 的子类,PreparedStatement 继承了 Statement 的所有功能。另外它还添加了一整套方法,用于设置发送给数据库以取代 IN 参数占位符的值。同时,execute、executeQuery 和 executeUpdate 三种方法已被更改以使之不再需要参数。这些方法的 Statement 形式(接受 SQL 语句参数的形式)不应该用于 PreparedStatement 对象。

第一步,通过连接获得 PreparedStatement 对象,用带占位符(?)的 SQL 语句构造。

```
PreparedStatement pstm=con.preparedStatement("select * from test where id=?");
```

第二步,设置参数。

```
pstm.setString(1,1);                //将?替换为 1
```

第三步,执行 SQL 语句。

```
ResultSet  Rs=pstm.excuteQuery();
```

Statement 发送完整的 SQL 语句到数据库,不是直接执行而是由数据库先编译,再运行。而 PreparedStatement 是先发送带参数的 SQL 语句,再发送一组参数值。如果是同构的 SQL 语句,PreparedStatement 的效率要比 Statement 高。而对于异构的 SQL,两者效率差不多。

同构:两个 SQL 语句可编译部分是相同的,只有参数值不同。

异构:整个 SQL 语句的格式是不同的。

注意:

(1) 使用预编译的 Statement 编译多条 SQL 语句一次执行。

(2) 可以跨数据库使用,编写通用程序。

(3) 能用预编译时尽量用预编译。

12.5.3 ResultSet——结果集操作接口

结果集(ResultSet)是数据中查询结果返回的一种对象,可以说结果集是一个存储查询结果的对象,但是结果集并不仅仅具有存储的功能,它同时还具有操纵数据的功能,可以完成对数据的更新等。

结果集读取数据的方法主要是 get×××(),它的参数可以使整型表示第几列(是从 1 开始的),还可以是列名。返回的是对应的×××类型的值。如果对应那列是空值,×××是对象则返回×××型的空值,如果×××是数字类型,如 float 则返回 0,boolean 返回 false。使用 getString()可以返回所有列的值,不过返回的都是字符串类型的。×××可以代表的类型有:基本的数据类型如整型(int)、布尔型(boolean)、浮点型(float、double)、比特型(byte),还包括一些特殊的类型,如日期类型(java.sql.Date)、时间类型(java.sql.Time)、时间戳类型(java.sql.Timestamp)、大数型(BigDecimal 和 BigInteger)等。

结果集从其使用的特点上可以分为 4 类,这 4 类结果集所具备的特点都和 Statement 语句的创建有关,因为结果集是通过 Statement 语句执行后产生的。

1. 基本的 ResultSet

这个 ResultSet 起到的作用就是完成了查询结果的存储功能,而且只能读一次,不能够来回滚动读取。这种结果集的创建方式如下:

```
Statement st=conn.CreateStatement
ResultSet rs=Statement.excuteQuery(sqlStr);
```

由于这种结果集不支持滚动的读取功能,如果获得这样一个结果集,只能使用它里面的 next()方法逐个地读取数据。

2. 可滚动的 ResultSet 类型

这个类型支持前后滚动取得记录: next()(下一个)、previous()(前一个)、first()(第一个)。同时,还支持将要到达的 ResultSet 中的第几行 absolute(int i),以及移动到相对当前行的第几行 relative(inti),要实现这样的 ResultSet,在创建 Statement 时用如下的方法。

```
Statement st=conn.createStatement(int resultSetType, int resultSetConcurrency)
ResultSet rs=st.executeQuery(sqlStr)
```

其中两个参数的意义是:

(1) resultSetType 设置 ResultSet 对象的类型可滚动或不可滚动,取值如下:

- ResultSet. TYPE_FORWARD_ONLY: 只能向前滚动。
- ResultSet. TYPE_SCROLL_INSENSITIVE: 实现任意地前后滚动,使用各种移动的 ResultSet 指针的方法,对于修改不敏感。
- ResultSet. TYPE_SCROLL_SENSITIVE: 实现任意地前后滚动,使用各种移动的 ResultSet 指针的方法,对于修改敏感。

(2) ResultSetConcurency: 设置 ResultSet 对象能够修改,取值如下:

- ResultSet. CONCUR_READ_ONLY: 设置为只读类型的参数。
- ResultSet. CONCUR_UPDATABLE: 设置为可修改类型的参数。

所以如果只是想要可以滚动的类型的 Result,则只要把 Statement 如下赋值即可。

```
Statement st=conn.createStatement(Result.TYPE_SCROLL_INSENITIVE,
    ResultSet.CONCUR_READ_ONLY);
ResultSet rs=st.excuteQuery(sqlStr);
```

3. 可更新的 ResultSet

这样的 ResultSet 对象可以完成对数据库中表的修改,但是我们知道 ResultSet 只是相当于数据库中表的视图,所以并不是所有的 ResultSet 只要设置了可更新就能够完成更新。能够完成更新的 ResultSet 的 SQL 语句必须具备如下的属性:

(1) 只引用了单个表。

(2) 不能含有 JOIN 或者 GROUP BY 子句。

(3) 那些列中要包含主关键字。

具有上述条件的,可更新的 ResultSet 可以完成对数据的修改,可更新的结果集的创建方法是:

```
Statement st=createstatement
```

```
(Result.TYPE_SCROLL_INSENSITIVE,Result.CONCUR_UPDATABLE)
```

这样的 Statement 的执行结果得到的就是可更新的结果集。更新的方法是,把 ResultSet 的游标移动到要更新的行,然后调用 update×××(),这里×××的含义和 get×××()是相同的。update×××()方法有两个参数,第一个是要更新的列,可以是列名或者序号。第二个是要更新的数据,这个数据类型要和 XXX 相同。每完成对一行的 update 要调用 updateRow()完成对数据库的写入,而且是在 ResultSet 的游标没有离开该修改行之前,否则修改将不会被提交。

使用 update×××()方法还可以完成插入操作,但是首先要介绍两个方法:

(1) moveToInsertRow():ResultSet 移动到插入行,这个插入行是表中特殊的一行,不需要指定具体哪一行,只要调用这个方法系统会自动移动到那一行。

(2) moveToCurrentRow():ResultSet 移动到记忆中的某个行,通常为当前行。如果没有使用 insert 操作,这个方法没有什么效果,如果使用了 insert 操作,这个方法用于返回到 insert 操作之前的那一行,离开插入行,当然也可以通过 next()、previous()等方法离开插入行。

要完成对数据库的插入,首先调用 moveToInsertRow()移动到插入行,然后调用 update×××的方法完成对每一列的数据更新,最后将更新后的数据写回数据库,不过这里使用的是 insertRow(),也要保证在该方法执行之前 ResultSet 没有离开插入列,否则插入不被执行,并且对插入行的更新也将丢失。

4. 可保持的 ResultSet

正常情况下如果使用 Statement 执行完一个查询,又去执行另一个查询时,第一个查询的结果集就会被关闭,也就是说,所有的 Statement 的查询对应的结果集是一个,如果调用 Connection 的 commit()方法也会关闭结果集。可保持性就是指当 ResultSet 的结果被提交时,是被关闭还是不被关闭。JDBC 2.0 和 JDBC 1.0 提供的都是提交后 ResultSet 就会被关闭。不过在 JDBC 3.0 中,可以设置 ResultSet 是否关闭。要完成这样的 ResultSet 对象的创建,要使用的 Statement 的创建要具有如下三个参数:

```
Statement st = createStatement (int resultsetscrollable, int resultsetupdateable,
int resultsetholdability)
ResultSet rs=st.excuteQuery(sqlStr);
```

前两个参数和两个参数的 createStatement 方法中的参数是完全相同的,这里只介绍第三个参数——resultsetholdability,它表示在结果集提交后结果集是否打开,取值有两个:

- ResultSet. HOLD_CURSORS_OVER_COMMIT:表示修改提交时不关闭数据库。
- ResultSet. CLOSE_CURSORS_AT_COMMIT:表示修改提交时 ResultSet 关闭。

不过这种功能只有在 JDBC 3.0 的驱动下才能成立。

12.5.4 ResultSetMetaData 和 DatabaseMetaData——元数据操作接口

ResultSetMetaData 是对结果集元数据进行操作的接口,可以实现很多高级功能。可以认为,此接口是 SQL 查询语言的一种反射机制。ResultSetMetaData 接口可以通过数组的形式,遍历结果集的各个字段的属性,对于开发者来说,此机制的意义重大。

结果集元数据 ResultSetMetaData 使用 resultSet.getMetaData() 获得，JDBC 通过元数据(MetaData)来获得具体的表的相关信息，例如，可以查询数据库中有哪些表，表有哪些字段，以及字段的属性等。MetaData 中通过一系列 get××× 将这些信息返回。

以下是比较重要的获得相关信息的指令：

- 结果集元数据对象：ResultSetMetaData meta＝rs.getMetaData()。
- 字段个数：meta.getColomnCount()。
- 字段名字：meta.getColumnName()。
- 字段 JDBC 类型：meta.getColumnType()。
- 字段数据库类型：meta.getColumnTypeName()。

下面是 ResultSetMetaData 程序范例：

```
Connection conn=//创建的连接
Statement st=conn.CreateStatement
ResultSet rs=Statement.excuteQuery("select * from test");
ResultSetMetaData rsmd=rs.getMetaData();
System.out.println("下面这些方法是 ResultSetMetaData 中的方法");
System.out.println("获得 1 列所在的 Catalog 名字 : "+rsmd.getCatalogName(1));
System.out.println("获得 1 列对应数据类型的类 "+rsmd.getColumnClassName(1));
System.out.println("获得该 ResultSet 所有列的数目 "+rsmd.getColumnCount());
System.out.println("1 列在数据库中类型的最大字符个数"+rsmd.getColumnDisplaySize(1));
System.out.println(" 1 列的默认的列标题"+rsmd.getColumnLabel(1));
System.out.println("1 列的模式"+rsmd.GetSchemaName(1));
System.out.println("1 列的类型,返回 SqlType 中的编号 "+rsmd.getColumnType(1));
System.out.println("1 列在数据库中的类型,返回类型全名"+rsmd.getColumnTypeName(1));
System.out.println("1 列类型的精确度(类型的长度): "+rsmd.getPrecision(1));
System.out.println("1 列小数点后的位数 "+rsmd.getScale(1));
System.out.println("1 列对应的模式的名称(应该用于 Oracle) "+rsmd.getSchemaName(1));
System.out.println("1 列对应的表名 "+rsmd.getTableName(1));
System.out.println("1 列是否自动递增"+rsmd.isAutoIncrement(1));
System.out.println("1 列在数据库中是否为货币型"+rsmd.isCurrency(1));
System.out.println("1 列是否为空"+rsmd.isNullable(1));
System.out.println("1 列是否为只读"+rsmd.isReadOnly(1));
System.out.println("1 列能否出现在 where 中"+rsmd.isSearchable(1));
```

DatabaseMetaData 用来获得数据库的信息。该对象提供关于数据库的各种信息，包括：数据库与用户，数据库标识符以及函数与存储过程；数据库限制；数据库支持与不支持的功能；架构、编目、表、列和视图等。通过调用 DatabaseMetaData 的各种方法，程序可以动态地了解一个数据库。

数据库元数据 Database MetaData 使用 connection.getMetaData() 获得。

以下是比较重要的获得相关信息的指令：

- 数据库元数据对象：DatabaseMetaData dbmd＝con.getMetaData()。
- 数据库名：dbmd.getDatabaseProductName()。
- 数据库版本号：dbmd.getDatabaseProductVersion()。

- 数据库驱动名：dbmd. getDriverName()。
- 数据库驱动版本号：dbmd. getDriverVersion()。
- 数据库 URL：dbmd. getURL()。
- 连接的登录名：dbmd. getUserName()。

这个类中还有一个比较常用的方法就是获得表的信息。使用的方法是：

```
getTables(String catalog,String schema,String tableName,String[] types)
```

这个方法带有 4 个参数，它们的含义如下：

- String catalog：要获得表所在的编目。串""""意味着没有任何编目，Null 表示所有编目。
- String schema：要获得表所在的模式。串""""意味着没有任何模式，Null 表示所有模式。该参数可以包含单字符的通配符（"_"），也可以包含多字符的通配符（"％"）。
- String tableName：指出要返回表名与该参数匹配的那些表，该参数可以包含单字符的通配符，也可以包含多字符的通配符。
- String types：指出返回何种表的数组。可能的数组项是 TABLE、VIEW、SYSTEM TABLE、GLOBAL TEMPORARY、LOCAL TEMPORARY、ALIAS、SYSNONYM。

通过 getTables()方法返回一个表的信息的结果集。这个结果集包括的字段有：TABLE_CAT 表所在的编目、TABLE_SCHEM 表所在的模式、TABLE_NAME 表的名称、TABLE_TYPEG 表的类型、REMARKS 解释性的备注。通过这些字段可以完成表的信息的获取。

还有两个方法：一个是获得列的方法 getColumns（String catalog，String schama，String tablename，String columnPattern）；一个是获得关键字的方法 getPrimaryKeys（Stringcatalog，Stringschema，Stringtable）。这两个方法中的参数的含义和上面介绍的是相同的。凡是 pattern 的都是可以用通配符匹配的。getColums()返回的是结果集，这个结果集包括了列的所有信息，如类型、名称、可否为空等。getPrimaryKey()则是返回了某个表的关键字的结果集。

下面是 DatabaseMetaData 获取表信息程序示例：

```
DatabaseMetaData dbmd=conn.getMetaData();
ResultSet rs=dbmd.getTables(null,null,null,null);
ResultSetMetaData rsmd=rs.getMetaData();
int j=rsmd.getColumnCount();
for(int i=1;i<=j;i++){
   out.print(rsmd.getColumnLabel(i)+"\t");
}
   out.println();
   while(rs.next()){
     for(int i=1;i<=j;i++){
        out.print(rs.getString(i)+"\t");
     }
     out.println();
   }
```

通过 getTables()、getColumns()、getPrimaryKeys()就可以完成表的反向设计了。主要步骤如下：

（1）通过 getTables()获得数据库中表的信息。

（2）对于每个表使用 getColumns()、getPrimaryKeys()获得相应的列名、类型、限制条件、关键字等。

（3）通过(1)、(2)获得的信息可以生成相应的建表的 SQL 语句。

12.6　JDBC 异常处理

JDBC 中和异常相关的两个类是 SQLException 和 SQLWarning。

12.6.1　SQLException 类

SQLException 类用来处理较为严重的异常情况,例如：传输的 SQL 语句语法的错误,JDBC 程序连接断开,SQL 语句中使用了错误的函数。

SQLException 提供以下方法：

（1）getNextException()：用来返回异常栈中的下一个相关异常。

（2）getErrorCode()：用来返回代表异常的整数代码（error code）。

（3）getMessage()：用来返回异常的描述信息（error message）。

12.6.2　SQLWarning 类

用来处理不太严重的异常情况,也就是一些警告性的异常。其提供的方法和使用与 SQLException 相似。

12.7　JDBC 中的事务编程

12.7.1　什么是事务

事务是现代数据库理论中的核心概念之一。如果一组处理步骤全部执行或一步也不执行,称该组处理步骤为一个事务。当所有的步骤像一个操作一样被完整地执行,我们称该事务被提交。由于其中的一部分或多步执行失败,导致没有步骤被提交,则事务必须回滚（回到最初的系统状态）。

事务是具备以下特征（ACID）的工作单元。

（1）原子性（Atomicity）：表示事务执行过程中的任何失败都将导致事务所做的任何修改失效。

（2）一致性（Consistency）：当事务执行失败时,所有被该事务影响的数据都应该恢复到事务执行前的状态。

（3）孤立性（Isolation）：表示在事务执行过程中对数据的修改,在事务提交之前对其他事务不可见。

（4）持久性（Durability）：已提交的数据在事务执行失败时,数据的状态都应该正确。

12.7.2 事务处理步骤

事务程序代码示例如下：

```
try{
con.setAutoCommit(false);                              //步骤①,把自动提交关闭
Statement stm=con.createStatement();
stm.executeUpdate("insert into student(id, name, age) values(520, '张三', 18)");
stm.executeUpdate("insert into student(id, name, age) values(521, '李四', 19)");
//步骤②,正常的 DB 操作
con.commit();                                          //步骤③,成功则主动提交
}
     catch(SQLException e)
   {
try{
con.rollback();                                        //步骤③,失败则主动回滚
}catch(Exception e){ e.printStackTrace(); }
   }
```

12.8　JDBC 在 JSP 开发中的应用

上面介绍了 JDBC 很多内容,但一直未在 JSP 中应用,本节中将对 JDBC 在 JSP 中对数据库的操作进行详细的讲解。包括数据的查询、添加、修改、删除等操作。

本节中应用一个实例,开发一个在线留言板。数据库用 SQL Server 2000。首先新建一个数据库 guestbookdb,并建一个留言内容的表 guestbook_table,字段如图 12-5 所示。

列名	数据类型	长度	允许空
ID	int	4	
UserName	varchar	50	✓
UserAge	int	4	✓
Mescontent	text	16	✓
Mesdate	datetime	8	✓
MesIP	varchar	50	✓

图 12-5　guestbook_table 表结构

其中:ID 为留言编号,设为主键,设为标识,标识种子为 1,标识增量为 1;UserName 为留言者姓名;UserAge 为留言者年龄,为 int 字段;Mescontent 为留言内容;Mesdate 为留言时间;MesIP 为留言者 IP 地址。

建表的 SQL 语句如下:

```
if exists (select * from dbo.sysobjects where id=object_id(N'[dbo].[guestbook_
table]') and OBJECTPROPERTY(id, N'IsUserTable')=1)
drop table [dbo].[guestbook_table]
GO

CREATE TABLE [dbo].[guestbook_table] (
[ID] [int] IDENTITY (1, 1) NOT NULL,
```

```
[UserName] [varchar] (50) COLLATE Chinese_PRC_CI_AS NULL,
[UserAge] [int] NULL,
[Mescontent] [text] COLLATE Chinese_PRC_CI_AS NULL,
[Mesdate] [datetime] NULL,
[MesIP] [varchar] (50) COLLATE Chinese_PRC_CI_AS NULL
) ON [PRIMARY] TEXTIMAGE_ON [PRIMARY]
GO

ALTER TABLE [dbo].[guestbook_table] ADD
CONSTRAINT [PK_guestbook_table] PRIMARY KEY  CLUSTERED(
    [ID]
)  ON [PRIMARY]
GO
```

假设该数据库的访问用户名为 guestbookuser,密码为 123456,下面开始介绍 JDBC 在 JSP 中的应用。

12.8.1　JBuilder 2008 项目建立

本节中应用了 SQL Server 2000 数据库,连接该数据库必须使用 Microsoft SQL Server JDBC Driver,可以到官方网站上下载,地址如下:

```
http://www.microsoft.com/downloads/details.aspx?displaylang=zh-cn&FamilyID=
a737000d-68d0-4531-b65d-da0f2a735707#filelist
```

下载的是一个 sqljdbc_3.0.1301.101_chs.exe 的自解压程序,运行后,解压到本地硬盘目录下。里面包含了驱动文件以及帮助文档。

在建新项目之前,先将 JSP 页面的编码形式默认为中文,具体设置方法如下:

选择 Windows|Preferences 命令,打开如图 12-6 所示的窗口。

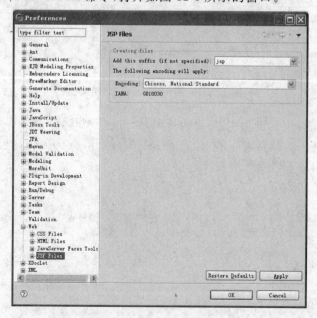

图 12-6　Preferences 窗口

选择 Encoding 为"Chinese,National Standard",单击 OK 按钮关闭窗口。

下面打开 JBuilder 2008 程序,按照第 11 章的介绍新建一个项目。

选择 File|New|Project 命令打开如图 12-7 所示的窗口。

图 12-7　新建项目窗口

选择 Web|Dynamic Web Project,单击 Next 按钮进入下一界面,在 Project name 文本框中输入 GuestBook,如图 12-8 所示。

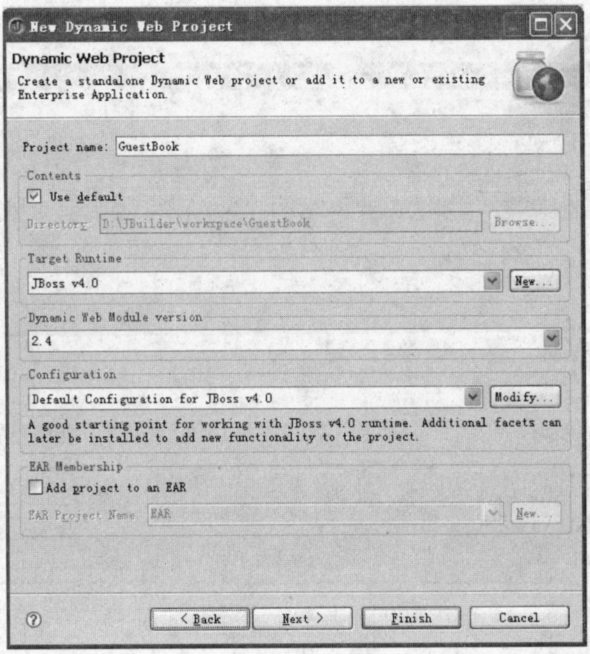

图 12-8　新建动态 Web 项目窗口

单击 Finish 按钮,完成设置。之后,在主窗口左侧的资源管理器内出现 GuestBook 列表,如图 12-9 所示。

在 GuestBook 项目名上右击,选择 Properties,出现如图 12-10 所示的窗口。

图 12-9　GuestBook 列表

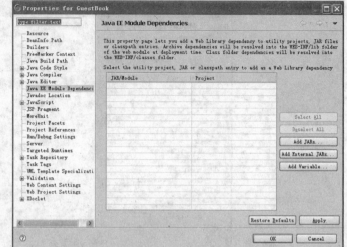

图 12-10　GuestBook 项目的属性

选择 Java EE Module Dependencies 项,在右侧单击 Add External JARs 按钮,选择刚才解压的驱动文件。单击 OK 按钮关闭窗口。导入驱动文件以后,我们就可以直接在 JSP 程序中应用连接 SQL Server 2000 数据库了。

下面创建 JSP 页面,在 GuestBook 项上右击,选择 New|JSP 命令,打开如图 12-11 所示的窗口。

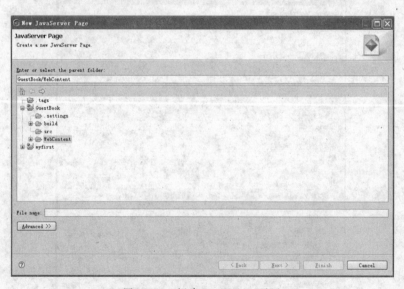

图 12-11　新建 JavaServer 页面

在 File name 文本框中填写 GuestBook,单击 Finish 按钮,完成 GuestBook.jsp 页面的建立。在主程序区就可以看到如图 12-12 所示的页面。

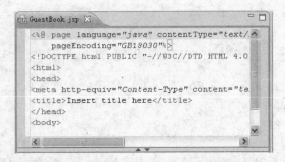

图 12-12　GuestBook.jsp 页面

在这里可以编写代码,用来连接数据库并对数据进行操作。

12.8.2　查询留言板记录

先在上面创建的表 guestbook_table 中新增几条记录,如图 12-13 所示,便于进行查询操作。

ID	UserName	UserAge	Mescontent	Mesdate	MesIP
1	张三	18	如果和在数据库中新增记录	2010-4-9	210.32.36.5
2	李四	25	JSP页面怎样才能正确显示中文	2010-4-10	210.25.35.16

图 12-13　guestbook_table 表新增记录

下面代码的功能是连接数据库并查询表 guestbook_table,并将结果在页面中显示出来。

GuestBook.jsp

```
<%@page language="java" contentType="text/html; charset=GB 18030"
    pageEncoding="GB18030" import="java.sql.* "%>
<!DOCTYPE html PUBLIC "-//W3C//DTD HTML 4.01 Transitional//EN"
"http://www.w3.org/TR/html4/loose.dtd">
<html>
<head>
<meta http-equiv="Content-Type" content="text/html; charset=GB18030">
<title>留言板</title>
</head>
<body>
<%
try{
Class.forName("com.microsoft.sqlserver.jdbc.SQLServerDriver").newInstance();
String url="jdbc:sqlserver://localhost:1433;DatabaseName=guestbookdb";
                                                            //连接字符串
String user="guestbookuser";
String password="123456";
Connection conn=DriverManager.getConnection(url,user,password);
Statement sta=conn.createStatement(ResultSet.TYPE_SCROLL_SENSITIVE,
```

```
ResultSet.CONCUR_READ_ONLY);
//创建 Statement
String sql="select id,username,userage,mesdate,MesIP,mescontent from guestbook
_table";
ResultSet rs=sta. executeQuery(sql);          //执行 SQL 语句,执行 SELECT 语句后有结果集
out.print("<table width='100%'>");
//遍历处理结果集信息
while(rs.next()){
out.print("<tr><td>姓名：</td><td>"+rs.getString("username")+"</td>");
out.print("<td>年龄：</td><td>"+rs.getInt("UserAge")+"</td>");
out.print("<td>日期：</td><td>"+rs.getDate("Mesdate")+"</td>");
out.print("<td>IP：</td><td>"+rs.getString("MesIP")+"</td></tr>");
out.print("<tr><td>内容：</td><td colspan='7'>"+rs.getString("Mescontent")+
"</td></tr>");
out.print("<tr><td colspan='8'><hr/></td></tr>");
}
out.print("</table>");
rs.close();                                //关闭数据库
sta.close();
conn.close();
}
catch(Exception e)
{
e.printStackTrace();
}
%>
</body>
</html>
```

显示结果如图 12-14 所示。

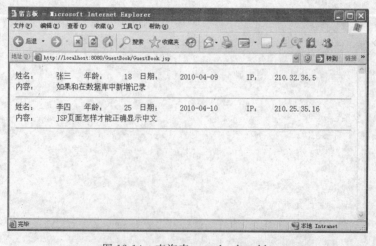

图 12-14　查询表 guestbook_table

12.8.3 新增留言

本节将介绍如何增加留言到数据库中。先要制作一个表单，用来提交数据，这里还要在 GuestBook.jsp 中添加该表单。该表单代码如下：

```
<form name="form1" method="post" action="">
<table width="60%" align="center">
  <tr>
    <td>姓名：</td>
    <td>
      <label>
        <input type="text" name="guestname" id="guestname">
      </label>
    </td>
    <td>年龄：</td>
    <td><input type="text" name="guestage" id="guestage"></td>
  </tr>
  <tr>
    <td>内容：</td>
    <td colspan="3"><label>
      <textarea name="guestcontent" id="guestcontent" cols="45" rows="5"></textarea>
    </label></td>
  </tr>
  <tr>
    <td> </td>
    <td colspan="3"><label>
      <input type="submit" name="button" id="button" value="提交留言">
    </label></td>
  </tr>
</table></form>
```

显示效果如图 12-15 所示。

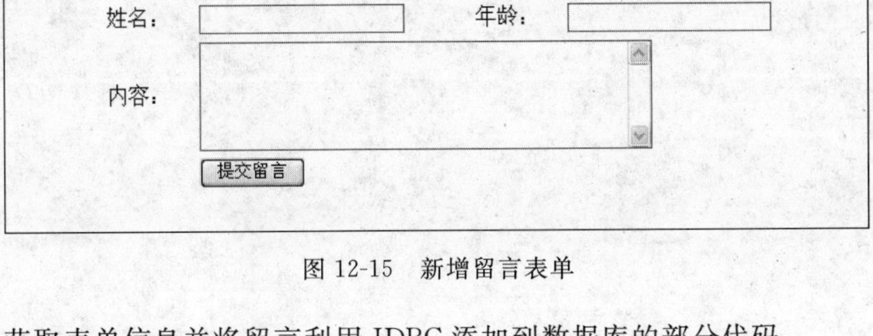

图 12-15　新增留言表单

下面是获取表单信息并将留言利用 JDBC 添加到数据库的部分代码。

```
if (request.getParameter("button")!="" &&request.getParameter("button")!=null)
{
String guestname=new String(request.getParameter("guestname").getBytes("ISO8859_
1"),"GB 2312");
//这里是将获得的内容转换为中文格式以便存储到数据库中
String guestage=request.getParameter("guestage");
String guestcontent=new String(request.getParameter("guestcontent").getBytes
("ISO8859_1"),"GB 2312");
try{
    Class.forName("com.microsoft.sqlserver.jdbc.SQLServerDriver").newInstance();
    String url="jdbc:sqlserver://localhost:1433;DatabaseName=guestbookdb";
                                            //连接字符串
    String user="guestbookuser";
    String password="123456";
    Date senddate=new Date(System.currentTimeMillis());
    String sendip=request.getRemoteAddr();
    Connection conn=DriverManager.getConnection(url,user,password);
    try{
        conn.setAutoCommit(false);               //步骤①,把自动提交关闭
        PreparedStatement  pstm=conn.prepareStatement("insert into guestbook_
        table(username,userage,mescontent,mesdate,mesip) values(?,?,?,?,?)");
        pstm.setString(1,guestname);
        pstm.setInt(2,Integer.parseInt(guestage));
        pstm.setString(3,guestcontent);
        pstm.setDate(4,senddate);
        pstm.setString(5,sendip);
        pstm.execute();
        //步骤②,正常的 DB 操作
        conn.commit();                          //步骤③,成功则主动提交
        }
        catch(SQLException e)
        {e.printStackTrace();
        try{
            conn.rollback();                    //步骤③,失败则主动回滚
        }catch(Exception ee){ ee.printStackTrace(); }
        }

}
catch(Exception e)
{
    e.printStackTrace();
}
}
```

以上代码应用到了 PreparedStatement——预编译的 Statement,这种方式对于带参数

的 SQL 语句的提交很方便。

```
PreparedStatement  pstm=conn.prepareStatement("insert into
guestbook_table(username,userage,mescontent,mesdate,mesip)values(?,?,?,?,?)");
     pstm.setString(1,guestname);
     pstm.setInt(2,Integer.parseInt(guestage));
     pstm.setString(3,guestcontent);
     pstm.setDate(4,senddate);
     pstm.setString(5,sendip);
     pstm.execute();
```

在以上代码中，用"?"代替参数，通过设置参数的方式填写这些"?"，同时注意到，各种类型的参数与数据库中的类型匹配，例如 Date 型的参数设置用 setDate。

同时也可以发现，以上代码应用了事务处理。当处理过程中出现错误时，事务将自动退回到原始状态，这样就不会导致提交错误数据。

运行结果如图 12-16 所示。

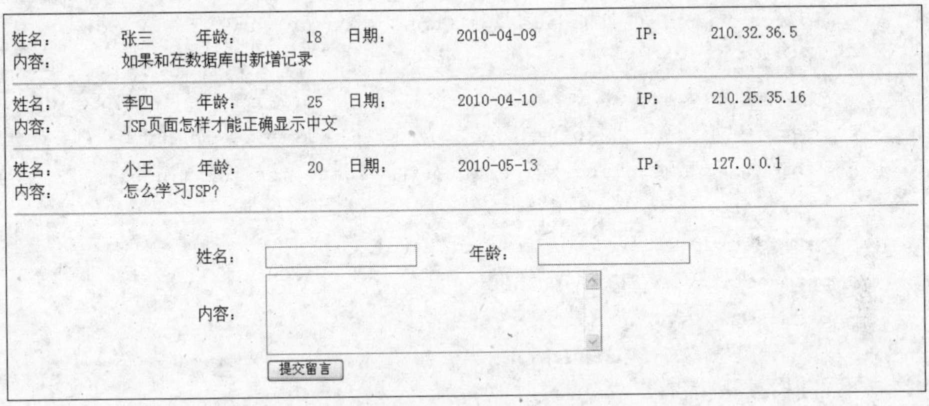

姓名:	张三	年龄:	18	日期:	2010-04-09	IP:	210.32.36.5
内容:	如果和在数据库中新增记录						
姓名:	李四	年龄:	25	日期:	2010-04-10	IP:	210.25.35.16
内容:	JSP页面怎样才能正确显示中文						
姓名:	小王	年龄:	20	日期:	2010-05-13	IP:	127.0.0.1
内容:	怎么学习JSP?						

姓名：[   ]　　年龄：[   ]

内容：[   ]

[提交留言]

图 12-16　留言内容的添加

以上就完成了一个简单的留言板代码的编写，数据库采用 SQL Server 2000，完整代码如下：

GuestBook. jsp

```
<%@page language="java" contentType="text/html; charset=GB 18030"
    pageEncoding="GB 18030" import="java.sql.*"%>
<!DOCTYPE html PUBLIC "-//W3C//DTD HTML 4.01 Transitional//EN"
"http://www.w3.org/TR/html4/loose.dtd">
<html>
<head>
<meta http-equiv="Content-Type" content="text/html; charset=GB 18030">
<title>留言板</title>
</head>
<body>
```

```
<%
if (request.getParameter("button")!="" &&request.getParameter("button")!=null)
{
String guestname=new String(request.getParameter("guestname").getBytes
("ISO8859_1"),"GB 2312");
String guestage=request.getParameter("guestage");
String guestcontent=new
String(request.getParameter("guestcontent").getBytes("ISO8859_1"),"GB 2312");
try{
    Class.forName("com.microsoft.sqlserver.jdbc.SQLServerDriver").newInstance();
    String url="jdbc:sqlserver://localhost:1433;DatabaseName=guestbookdb";
                                                //连接字符串
    String user="guestbookuser";
    String password="123456";
    Date senddate=new Date(System.currentTimeMillis());
    String sendip=request.getRemoteAddr();
    Connection conn=DriverManager.getConnection(url,user,password);
    try{
        conn.setAutoCommit(false);               //步骤①,把自动提交关闭
        PreparedStatement   pstm=conn.prepareStatement("insert into guestbook_
        table(username,userage,mescontent,mesdate,mesip) values(?,?,?,?,?)");
        pstm.setString(1,guestname);
        pstm.setInt(2,Integer.parseInt(guestage));
        pstm.setString(3,guestcontent);
        pstm.setDate(4,senddate);
        pstm.setString(5,sendip);
        pstm.execute();
        //步骤②,正常的 DB 操作
        conn.commit();                            //步骤③,成功则主动提交
        }
    catch(SQLException e)
    {e.printStackTrace();
    try{
        conn.rollback();                          //步骤③,失败则主动回滚
    }catch(Exception ee){ ee.printStackTrace(); }
    }

}
catch(Exception e)
{
    e.printStackTrace();
}
}
}
```

```
try{
Class.forName("com.microsoft.sqlserver.jdbc.SQLServerDriver").newInstance();
String url="jdbc:sqlserver://localhost:1433;DatabaseName=guestbookdb";
                                        //连接字符串
String user="guestbookuser";
String password="123456";
Connection conn=DriverManager.getConnection(url,user,password);
Statement
sta=conn.createStatement(ResultSet.TYPE_SCROLL_SENSITIVE,
ResultSet.CONCUR_READ_ONLY);              //创建 Statement
String sql="select id,username,userage,mesdate,MesIP,mescontent from guestbook_
table";
ResultSet rs=sta.executeQuery(sql);     //执行 SQL 语句,执行 SELECT 语句后有结果集
out.print("<table width='100%'>");
//遍历处理结果集信息
while(rs.next()){
out.print("<tr><td>姓名:</td><td>"+rs.getString("username")+"</td>");
out.print("<td>年龄:</td><td>"+rs.getInt("UserAge")+"</td>");
out.print("<td>日期:</td><td>"+rs.getDate("Mesdate")+"</td>");
out.print("<td>IP:</td><td>"+rs.getString("MesIP")+"</td></tr>");
out.print("<tr><td>内容:</td><td colspan='7'>"+rs.getString("Mescontent")+
"</td></tr>");
out.print("<tr><td colspan='8'><hr/></td></tr>");
}
out.print("</table>");
rs.close();                             //关闭数据库
sta.close();
conn.close();
}
catch(Exception e)
{
e.printStackTrace();
}
%><form name="form1" method="post" action="">
<table width="60%" align="center">
  <tr>
    <td>姓名:</td>
    <td>
      <label>
        <input type="text" name="guestname" id="guestname">
      </label>
    </td>
    <td>年龄:</td>
    <td><input type="text" name="guestage" id="guestage"></td>
```

```
    </tr>
    <tr>
      <td>内容: </td>
      <td colspan="3"><label>
        <textarea name="guestcontent" id="guestcontent" cols="45" rows="5">
        </textarea>
      </label></td>
      </tr>
    <tr>
      <td> </td>
      <td colspan="3"><label>
        <input type="submit" name="button" id="button" value="提交留言">
      </label></td>
      </tr>
</table></form>

</body>
</html>
```

本 章 小 结

本章介绍了 JDBC 的概念以及组成。最后又通过一个留言板的实例来具体介绍 JDBC 在数据库编程中使用的方法。这里所应用到的是数据库编程过程中非常重要的部分。

习题及实训

1. 整个 JDBC 数据库连接有哪几个步骤？
2. 熟悉 JDBC 中重要的接口，并简要说明各个接口的作用以及使用方法。
3. 事务的特性以及事务处理的过程是什么？
4. 完善本章的留言板例子，使其有删除留言的功能。
5. 建立一个数据库，新增用户表(user_table)，里面有字段 ID、用户名、密码、注册时间、注册 IP。利用 JDBC 编写一个注册程序，添加用户注册信息；编写一个登录程序，验证用户名和密码。

第 13 章　EJB 技术

本章要点

本章将讲述 J2EE 的一个部件——EJB,通过对 EJB 的介绍以及 EJB 的实例开发详细讲解 EJB 技术在开发过程中的应用。本章所有应用程序需要 JBoss 5.0 支持。

13.1　EJB 介绍

在 J2EE 里,Enterprise Java Beans(EJB)称为 Java 的企业 Bean,是 Java 的核心代码,分别是会话 Bean(Session Bean)、实体 Bean(Entity Bean)和消息驱动 Bean(Message-Driven Bean)。

(1) Session Bean 用于实现业务逻辑,它可以是有状态的,也可以是无状态的。每当客户端请求时,容器就会选择一个 Session Bean 来为客户端服务。Session Bean 可以直接访问数据库,但更多的时候,它会通过 Entity Bean 实现数据访问。

(2) Entity Bean 是域模型对象,用于实现 O/R 映射,负责将数据库中的表记录映射为内存中的 Entity 对象,事实上,创建一个 Entity Bean 对象相当于新建一条记录,删除一个 Entity Bean 会同时从数据库中删除对应记录,修改一个 Entity Bean 时,容器会自动将 Entity Bean 的状态和数据库同步。

(3) Message-Driven Bean 是 EJB 2.0 中引入的新的企业 Bean,它基于 JMS 消息,只能接收客户端发送的 JMS 消息然后处理。MDB 实际上是一个异步的无状态 Session Bean,客户端调用 MDB 后无需等待,立刻返回,MDB 将异步处理客户请求。这适合于需要异步处理请求的场合,比如订单处理,这样就能避免客户端长时间的等待一个方法调用直到返回结果。

13.2　Session Bean 开发

Session Bean 是实现业务逻辑的地方,告诉程序要做什么,怎么做。例如,把数据库里的数据取出来,要进行数据的处理,就是利用 Session Bean。Session Bean 分为无状态(Stateless)Bean 和有状态(Stateful)Bean,无状态 Bean 不能维持会话,而有状态 Bean 可以维持会话。每个 Session Bean 都有一个接口,根据接口不同分为远程(Remote)接口和本地接口(Local)。

13.2.1　开发 Remote 接口的 Stateless Session Beans(无状态 Bean)

先在 JBuilder 2008 中新建一个 EJB 项目,选择 File|New|EJB Project 命令,参数设置如图 13-1 所示。

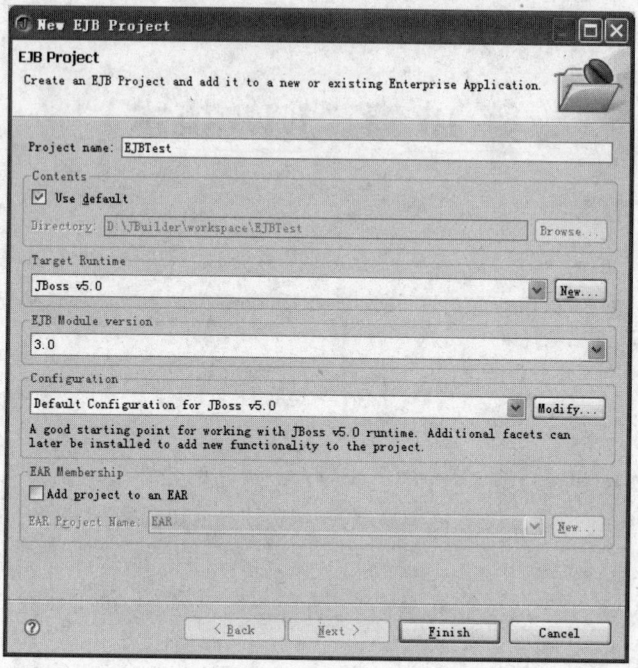

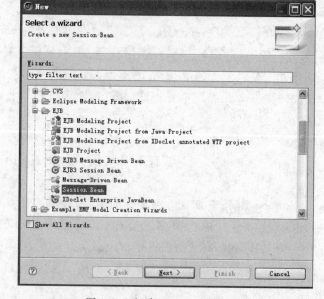

图 13-1　新建 EJB 项目

单击 Finish 按钮建立 EJB 项目。项目管理器中的显示如图 13-2 所示。

右击 EJBTest 项目名,选择 New|Other 命令,打开如图 13-3 所示的窗口。

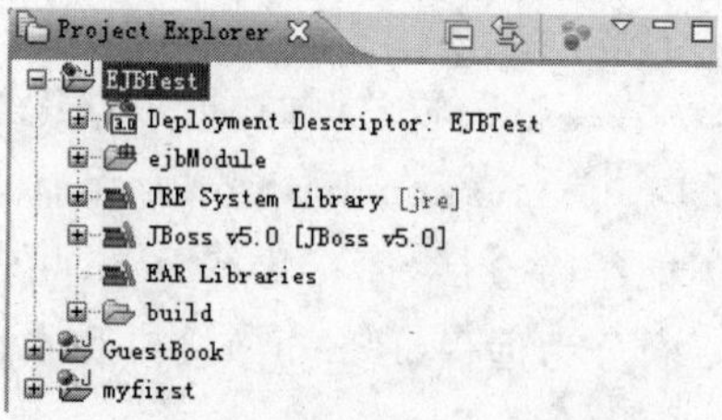

图 13-2　EJBTest 列表　　　　　　图 13-3　新建 Session Bean(一)

选择 Session Bean,单击 Next 按钮,如图 13-4 所示。

单击 Finish 按钮完成无状态远程 Session Bean 的建立。如图 13-5 所示,生成了两个文件,一个是 SessionBeanTest.java,另一个是 SessionBeanTestRemote.java。

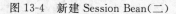

图 13-4　新建 Session Bean(二)

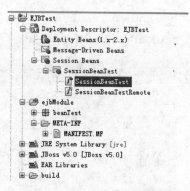

图 13-5　完成 Session Bean 的建立

分别打开,可以发现,SessionBeanTestRemote.java 里定义了一个接口,这个接口就是我们远程需要调用的接口,而 SessionBeanTest.java 里使用了这个接口,这里主要就是一个逻辑函数的定义,要做什么就写在这里。

下面具体介绍如何实现简单的两个功能,一个功能是在屏幕上显示某某说 Hello World!,还有一个功能是将输入的 a、b 两个数字相加并返回。

SessionBeanTest.java

```java
package beanTest;
import javax.ejb.Stateless;
/**
 * Session Bean implementation class SessionBeanTest
 */
@Stateless
public class SessionBeanTest implements SessionBeanTestRemote {
    /**
     * Default constructor.
     */
    public SessionBeanTest() {
        //TODO Auto-generated constructor stub
            }
    public String sayHello(String user)          //返回某某说 Hello World!
    {
    return user+"say:Hello World!";
    }
```

```
    public int addition(int a,int b)                    //将 a、b 相加并返回
    {
        return a+b;
    }

}
```

SessionBeanTestRemote. java 实现了接口，供远程调用，其源代码如下。

SessionBeanTestRemote. java

```
package beanTest;
import javax.ejb.Remote;

@Remote
public interface SessionBeanTestRemote {
void sayHello(String user);                         //接口供远程调用
int addition(int a,int b);

}
```

经过上述步骤，Session Bean 的一个测试包就开发完成了，要把它部署到 JBoss 中去，之前，先把它打包。选择 File|Export 命令，如图 13-6 所示，选择 EJB JAR file。

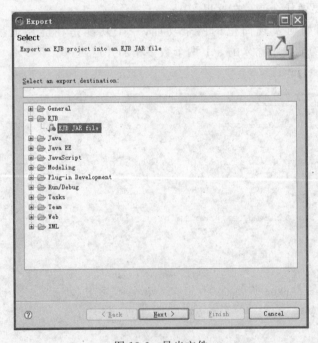

图 13-6　导出文件

单击 Next 按钮，如图 13-7 所示，导出文件至桌面，单击 Finish 按钮。

下面将 EJBTest. jar 部署到 JBoss 中，把刚才导出的 jar 文件放到 JBoss 下的 server\default\deploy 目录下。

图 13-7 部署 EJBTest.jar

下面编写一个动态页面来测试这个 Session Bean。按照第 11 章方法,建立一个 JSP 动态页面,功能是调用刚才编写的 Session Bean 来测试功能。

编写 beantest.jsp,源代码如下:

beantest.jsp

```
<%@ page language="java" contentType="text/html; charset=GB 18030"
    pageEncoding="GB 18030"%>
<%@ page import="beanTest.SessionBeanTestRemote, javax.naming. * "%>
<!DOCTYPE html PUBLIC "-//W3C//DTD HTML 4.01 Transitional//EN"
"http://www.w3.org/TR/html4/loose.dtd">
<html>
<head>
<meta http-equiv="Content-Type" content="text/html; charset=GB 18030">
<title>Insert title here</title>
</head>
<body>
<%
try {
InitialContext ctx=new InitialContext();
SessionBeanTestRemote testsession= (SessionBeanTestRemote)
ctx.lookup("SessionBeanTest/remote");                    //检索指定的对象
out.println(testsession.sayHello("中国"));
out.print("100+200=");
out.println(testsession.addition(100,200));
} catch (NamingException e) {
out.println(e.getMessage());
}
```

```
%>

</body>
</html>
```

程序里的相关说明都备注在程序后面,这里就要熟悉一下 Session Bean 的一个工作过程。运行结果如图 13-8 所示。

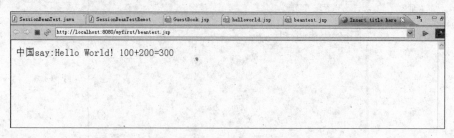

图 13-8　beantest.jsp 运行结果

Local 接口的无状态会话 Bean 的开发步骤和开发只存在 Remote 接口的无状态会话 Bean 的步骤相同。两者的不同之处是,Local 接口是通过本机调用,客户端与 EJB 容器运行在同一个 JVM,采用 Local 接口访问 EJB 优于 Remote 接口。Remote 接口访问 EJB 需要经过远程方法调用(RPCs)环节。Local 接口的开发过程以及代码这里就不列举了,其原理和开发方法和 Remote 接口类似,只是在使用上略有区别。

13.2.2　开发 Stateful Session Beans(有状态 Bean)

在 13.2.1 小节中,做了关于无状态 Bean 的开发,每次调用 lookup()都将新建一个 bean 实例。但是在现实开发过程中,要求创建的实例要对每个客户作出判断区别,并保存相关信息。例如,最常见的购物车程序,我们需要在不同的页面选择商品,然后将其放入购物车,如果通过无状态 Bean,将会发现,每次放入产品时购物车都是一个空的购物车。而有状态 Bean 就可以满足这个功能,每个有状态的 Bean 在一定生命周期内只服务一个对应的客户,Bean 里的成员变量可以在每个不同的方法中保持特定的某个客户相应的数值。正是因为在特定的周期内能保存客户的信息,这种 Bean 就称为有状态 Bean(Stateful Session Beans)。

下面,就来实际开发一个具有购物车功能的简单的购物程序。整个构建过程也与 13.2.1 小节无状态 Bean 类似,但特别要注意的是,state type 要选择 Stateful,如图 13-9 所示。

构建完成后,编写接口 ShoppingcartRemote 和逻辑代码 Shoppingcart,源代码如下:

ShoppingcartRemote.jsp

```
package beanTest;
import java.util.List;

import javax.ejb.Remote;

@Remote
```

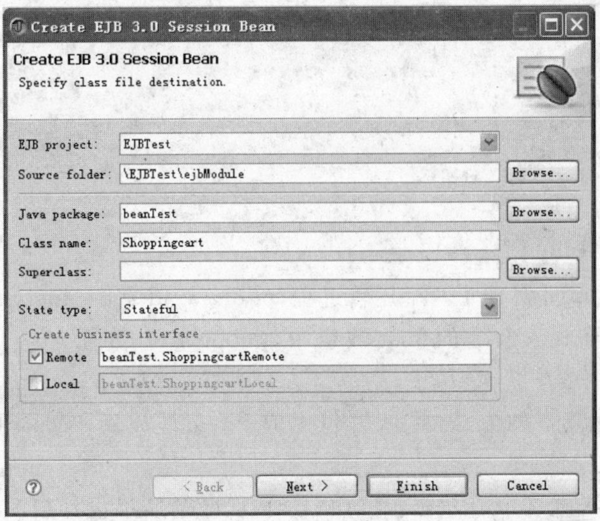

图 13-9　创建 EJB 3.0 Session Bean

```
public interface ShoppingcartRemote {
public void shopping(String shoppingname);
public List<String>getshoppinglist();
}
```

Shoppingcart. jsp

```
package beanTest;
import java.util.ArrayList;
import java.util.List;
import javax.ejb.Stateful;

/**
 * Session Bean implementation class Shoppingcart
 */
@Stateful
public class Shoppingcart implements ShoppingcartRemote {

    /**
     * Default constructor.
     */
    private List<String>shoppingList=new ArrayList<String>();
    public Shoppingcart() {
        //TODO Auto-generated constructor stub
    }
    public void shopping(String shoppingname)
    {
        shoppingList.add(shoppingname);
```

```
    }
    public List<String>getshoppinglist()
    {
        return shoppingList;
    }


}
```

Shoppingcart. jsp 里实现了两个逻辑过程,public void shopping(String shoppingname)实现了将购物的名称放入新建的 List 数组中,public List〈String〉getshoppinglist()是将List 数组返回给调用程序。

按照 13.2.1 小节中的方法,重新打包生成 jar 文件放到 JBoss 下的 server\default\deploy 目录下。

下面编写一个测试这个有状态 Bean 的 JSP 程序。这里设计成一个表单,当有人提交商品名称就将商品放入购物车,并将购物车里的信息显示出来。

Cart. jsp

```
<%@page language="java" contentType="text/html; charset=GB 18030"
    pageEncoding="GB 18030"%>
<%@page import="beanTest.ShoppingcartRemote, javax.naming. * , java.util. * "%>
<!DOCTYPE html PUBLIC "-//W3C//DTD HTML 4.01 Transitional//EN"
"http://www.w3.org/TR/html4/lcose.dtd">
<html>
<head>
<meta http-equiv="Content-Type" content="text/html; charset=GB 18030">
<title>Insert title here</title>
</head>
<body>
<%


InitialContext ctx=new InitialContext();
try {
ShoppingcartRemote myshopping= (ShoppingcartRemote)session.getAttribute
("myshopping");
if      (myshopping==null)
{
    myshopping= (ShoppingcartRemote) ctx.lookup("Shoppingcart/remote");
                                                        //检索指定的对象
    session.setAttribute("myshopping",myshopping);
}
if (request.getParameter("button")!="" &&request.getParameter("button")!=null)
{
    String shoppingname=new
```

```
        String(request.getParameter("textfield").getBytes("ISO8859_1"),"GB 2312");
        //作用是将获得的字符串转换成中文
        myshopping.shopping(shoppingname);
    }
List<String>myshoppingList=myshopping.getshoppinglist();
if (myshoppingList!=null){
for(String shoppingname : myshoppingList)
    out.print(shoppingname+"<br>");
}
} catch (NamingException e) {
out.println(e.getMessage());
}
%>
<form name="form1" method="post" action="">
  <label>
    <input type="text" name="textfield" id="textfield">
  </label>
  <label>
    <input type="submit" name="button" id="button" value="放入购物车">
  </label>
</form>
</body>
</html>
```

这段代码和 13.2.1 小节中代码主要的不同之处如下：

```
ShoppingcartRemote myshopping=(ShoppingcartRemote)session.getAttribute
("myshopping");
if      (myshopping==null)
{
    myshopping=(ShoppingcartRemote) ctx.lookup("Shoppingcart/remote");
                                        //检索指定的对象
    session.setAttribute("myshopping",myshopping);
}
```

这段主要是先从 session 中读取是否存在 myshopping,如果存在,直接读取存储的数据,如果不存在就新建一个,并保存在 session 当中,这样就保证了每个客户有一个数据的记录。

这样一个有状态 Bean 的简单的购物车程序就开发完成了,现在我们看一下它的运行效果。当提交数据的时候发现,以前提交的数据也保存在程序当中,如图 13-10 所示。

以上主要讲述了有状态和无状态 Session Bean 的开发实例,从中不难发现它们两个的主要区别,但是它们所实现的功能是相似的,都是处理一些逻辑性的问题。这个在实际开发过程中应用十分广泛。

有状态及无状态 Session Bean 的开发过程也十分相似,先开发服务器端程序,实现相应的功能,将程序打包放到 JBoss 下,然后开发 JSP 或者相应客户端程序,远程或本地调用服务器端程序,运行并在界面上显示出结果。

图 13-10　购物车程序运行结果

13.3　Message-Driven Bean 开发

消息驱动 Bean(Message-Driven Bean) 是设计用来专门处理基于消息请求的组件,它基于 JMS 消息,只能接收客户端发送的 JMS 消息然后处理。一个 Message-Driven Bean 类必须实现 MessageListener 接口。当容器检测到 Bean 守候的队列一条消息时,就调用 onMessage()方法,将消息作为参数传入。Message-Driven Bean 在 OnMessage()中决定如何处理该消息。当一个业务执行的时间很长,而执行结果无需实时向用户反馈时,很适合使用消息驱动 Bean。如订单成功后给用户发送一封电子邮件或发送一条短信等。

下面利用一个实例来说明 Message-Driven Bean 的工作原理。设计简单的消息驱动实例,当前台有客户下订单后,在后台返回订单内容。同样,还是利用 JBuilder 2008 来开发。

首先设置 Queue,方式如下:

找到 destinations-service. xml 文件,该文件在 JBoss 安装目录\server\default\deploy\messaging 下。在文件最后,加入下面代码,新增一个 Queue。

```
<mbean code="org.jboss.mq.server.jmx.Queue"
name="jboss.mq.destination:service=Queue,name=myQueue">
<depends
optional-attribute-name="DestinationManager">jboss.mq:service=DestinationManager
</depends>
</mbean>
```

然后还是利用 13.2.1 小节中的 EJBTest 项目,右击它并选择 New|Message-Driven Bean 命令,如图 13-11 所示。

单击 Finish 按钮,自动生成 MDBtest. java。在 onMessage(Message message)下添加如下代码:

```
try {
    TextMessage tmsg=(TextMessage) message;
    System.out.print(tmsg.getText());
    }
catch (Exception e){
    e.printStackTrace();
    }
```

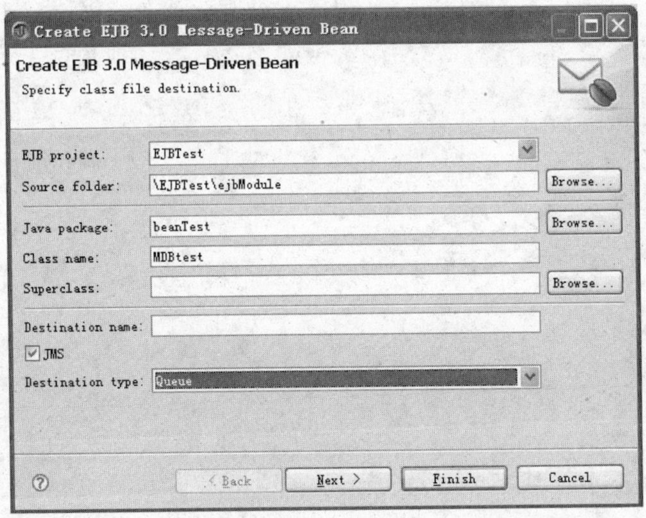

图 13-11　创建 EJB 3.0 Message-Driven Bean

当一个消息到达队列时，就会触发 onMessage 方法，消息作为一个参数传入，在 onMessage 方法里面得到消息体并把消息内容打印到控制台上。

MDBtest. java

```java
package beanTest;

import javax.ejb.ActivationConfigProperty;
import javax.ejb.MessageDriven;
import javax.jms.Message;
import javax.jms.MessageListener;
import javax.jms.TextMessage;

/**
 * Message-Driven Bean implementation class for: MDBtest
 *
 * /
@MessageDriven(
    activationConfig={ @ActivationConfigProperty(
            propertyName="destinationType", propertyValue="javax.jms.Queue"),
    @ActivationConfigProperty(propertyName="destination",
            propertyValue="queue/myQueue")})          //值与刚才设置的内容相同
public class MDBtest implements MessageListener {

    /**
     * Default constructor.
     * /
    public MDBtest() {
```

```
    //TODO Auto-generated constructor stub
  }


  /**
   * @see MessageListener#onMessage(Message)
   */
  public void onMessage(Message message) {
    //TODO Auto-generated method stub
    try {
      TextMessage tmsg= (TextMessage) message;
      System.out.print(tmsg.getText());
      }
    catch (Exception e){
      e.printStackTrace();
      }
  }

}
```

编写完成后,也要像 13.2 节那样先把它打包。选择 File|Export 命令,在打开的窗口中选择 EJB JAR file。再将 EJBTest.jar 部署到 JBoss 中,把刚才导出的 jar 文件放到 JBoss 下的 server\default\deploy 目录下。

下面编写一个测试用的 JSP 程序,该程序的作用是客户端提交一个订单到服务器,通过消息驱动在后台显示提交的订单。还利用 myfirst 这个项目,右击该项目,选择 New|JSP,取名为 MDBJSP.jsp,其源代码如下:

MDBJSP.jsp

```
<%@ page language="java" contentType="text/html; charset=GB 18030"
    pageEncoding="GB 18030"%>
  <%@ page import="javax.naming.*, java.text.*, javax.jms.*, java.util.
    Properties"%>
<!DOCTYPE html PUBLIC "-//W3C//DTD HTML 4.01 Transitional//EN"
"http://www.w3.org/TR/html4/loose.dtd">
<html>
<head>
<meta http-equiv="Content-Type" content="text/html; charset=GB 18030">
<title>Insert title here</title>
</head>
<body>
<%
if (request.getParameter("button")!="" &&request.getParameter("button")!=null)
{
QueueConnection cnn=null;
```

```
QueueSender sender=null;
QueueSession sess=null;
Queue queue=null;
try {
InitialContext ctx=new InitialContext();
QueueConnectionFactory factory=(QueueConnectionFactory) ctx.lookup
("ConnectionFactory");
//查找一个连接工厂

cnn=factory.createQueueConnection();
sess=cnn.createQueueSession(false, QueueSession.AUTO_ACKNOWLEDGE);
//建立不需要事务的并且能自动接收消息收条的会话
queue=(Queue) ctx.lookup("queue/myQueue");              //查找消息队列
} catch (Exception e) {
out.println(e.getMessage());
}
TextMessage msg=sess.createTextMessage(new
String(request.getParameter("textfield").getBytes("ISO8859_1"),"GB 2312"));
//将提交的订单转换为中文编码
sender=sess.createSender(queue);                 //根据队列创建一个发送
sender.send(msg);                                //向队列发送消息
sess.close ();                                   //关闭会话
out.println("订单已经提交到后台");
}
%>
< form name="form1" method="post" action="">
  <label>
    <input type="text" name="textfield" id="textfield">
  </label>
  <label>
    <input type="submit" name="button" id="button" value="提交订单">
  </label>
</form>
</body>
</html>
```

在 JBoss 下调试此程序,显示结果如图 13-12 所示。

图 13-12   MDBJSP.jsp 运行结果

在表单中输入 JSP 教程,然后按下提交订单的按钮,结果如图 13-13 所示。

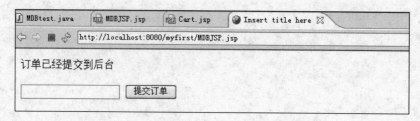

图 13-13　提交后的 MDBJSP.jsp 运行结果

再看看消息驱动下,在服务器端发生了什么,如图 13-14 所示。

```
Console ⊠
JBoss v5.0 at localhost [Generic Server] D:\Java\jre6\bin\javaw.exe (2010-5-13 下午09:58:05)
22:28:44,265 WARN  [JAXWSDeployerHookPreJSE] Cannot load servlet class: beanTest.BeanTest
22:28:44,859 INFO  [TomcatDeployment] deploy, ctxPath=/myfirst, vfsUrl=myfirst.war
22:28:55,250 INFO  [TomcatDeployment] undeploy, ctxPath=/GuestBook, vfsUrl=GuestBook.war
22:28:55,968 INFO  [TomcatDeployment] deploy, ctxPath=/GuestBook, vfsUrl=GuestBook.war
22:30:38,093 INFO  [STDOUT] JSP教程
```

图 13-14　服务器端输出窗口

在服务器端输出窗口很清楚地看到了刚才提交的书名,这就是通过消息驱动发生的。

在本例中应用了一个简单的例子,但是在实际开发过程中,可以遇到更多这样的实例。例如,在一个在线订餐的网站上,利用消息驱动 Bean,可以快捷地将客户的订餐通过消息驱动的方式通知餐厅,缩短了中间时间。

13.4　Entity Bean 开发

在开发过程中,应用最多的就是对数据库的编程。对数据库编程无非就是数据的查询、增加、删除、修改等操作。而在 EJB 3.0 中,为了方便对数据库操作,有一个实体 Bean (Entity Bean)。它实现了将数据库表记录映射为内存中的 Entity 对象,事实上,创建一个 Entity Bean 对象相当于新建一条记录,删除一个 Entity Bean 会同时从数据库中删除对应记录,修改一个 Entity Bean 时,容器会自动将 Entity Bean 的状态和数据库同步。这样就实现了数据层的持久化。

在 EJB 3.0 中,持久化已经自成规范,被称为 Java Persistence API(JPA)。

13.4.1　开发前的准备

在开发之前,先要将 JBoss 的数据源配置好。可以在 JBoss docs\examples\jca 目录下找到相关配置的标准 xml 文件。在项目开发过程中,可以使用不同的数据库,这里都能找到对应的配置文件,例如 MS SQL Server,配置文件为 mssql-ds. xml;MySQL 配置文件为 mysql-ds. xml;Oracle 配置文件为 oracle-ds. xml。

本次开发还是利用第 12 章中应用到的 guestbookdb 这个数据库,所以配置文件为 mssql-ds. xml,其源代码如下:

mssql-ds. xml

```xml
<?xml version="1.0" encoding="UTF-8"?>
<datasources>
<local-tx-datasource>
<jndi-name>MSSQLDS</jndi-name>
<connection-url>jdbc:sqlserver://localhost:1433;DatabaseName=guestbookdb
</connection-url>
<driver-class>com.microsoft.sqlserver.jdbc.SQLServerDriver</driver-class>
<user-name>guestbookuser</user-name>
<password>123456</password>
<metadata>
<type-mapping>MS SQLSERVER2000</type-mapping>
</metadata>
</local-tx-datasource>
</datasources>
```

将配置好的 mssql-ds. xml 放在 JBoss 目录 server\default\deploy 下。同时,我们将 sqljdbc4. jar 文件复制到 server\default\lib 目录下。

注意:因为是将 sqljdbc4. jar 作为驱动,所以 mssql-ds. xml 中有两处和标准文件不一致,如下:

```xml
<connection-url>jdbc:sqlserver://localhost:1433;DatabaseName=guestbookdb
</connection-url>
<driver-class>com.microsoft.sqlserver.jdbc.SQLServerDriver</driver-class>
```

它的连接字符串和驱动名都有所区别。

13.4.2 创建实体 Bean

还是应用前面建立的项目 EJBTest。首先,在项目 EJBTest 中创建能够支持 JPA Entity 的模块单元,具体做法是右击项目,选择 Properties,打开如图 13-15 所示的窗口。

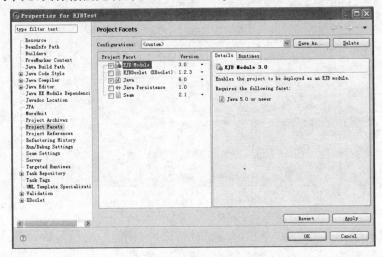

图 13-15 EJBTest 属性设置

在左侧单击 Project Facets,选中 Java Persistence,单击 OK 按钮。这样这个 EJB 项目就能支持 JPA Entity 了。下面创建实体 Bean,右击 EJBTest,选择 New|other 命令,打开如图 13-16 所示的窗口。

图 13-16　新建 JPA Entity(一)

选择 JPA 下的 Entity。单击 Next 按钮,进入如图 13-17 所示的界面。

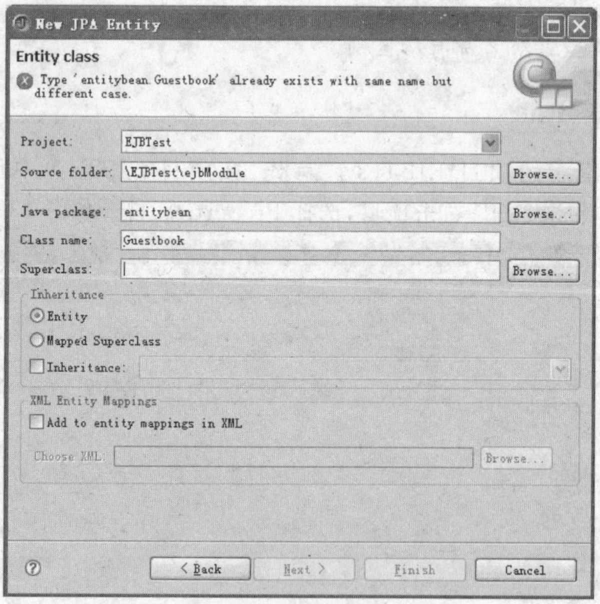

图 13-17　新建 JPA Entity(二)

选项设置如图 13-17 所示。单击 Next 按钮,进入如图 13-18 所示的界面。
选项设置如图 13-18 所示。单击 Finish 按钮完成设置。

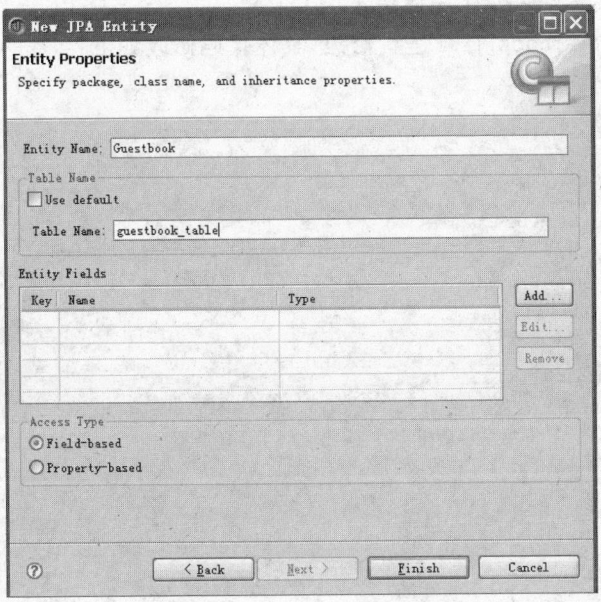

图 13-18 Entity 属性设置

这样就在资源管理器中增加了内容，如图 13-19 所示。

图 13-19 中的 Guestbook. java 就是刚刚创立的一个实体 Bean。

配置该实体 Bean 的 JPA 持续连接。方法为在项目上右击 并选择 Properties，打开如图 13-20 所示的窗口。

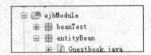

图 13-19　Guestbook.java

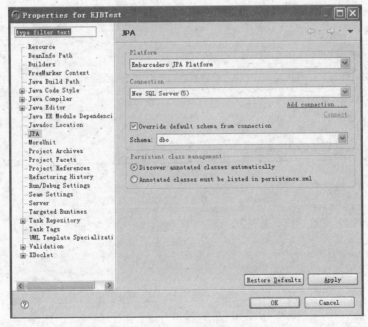

图 13-20　EJBTest 属性设置

选择 JPA，根据要求配置 JPA 连接。

配置好后，对 Guestbook.java 进行修改，具体代码修改如下：

Guestbook. java

```java
package entityBean;

import java.io.Serializable;
import javax.persistence.*;
import java.util.*;

/**
 * Entity implementation class for Entity: Guestbook
 *
 */
@Entity
@Table(name="guestbook_table")                    //Entity 对应的数据库表名
public class Guestbook implements Serializable {
private String username;
private int userage;
private String mescontent;
private Date mesdate;
private String mesip;
private int id;
private static final long serialVersionUID=1L;
@GeneratedValue(strategy=GenerationType.AUTO)      //ID 生成方式
@Id
public int getId()
{
    return id;
}
public void setId(int id)
{
    this.id=id;
}
public String getusername()
{
    return username;
}
public void setusername(String username)
{
    this.username=username;
}
public String getmescontent()
{
    return mescontent;
}
```

```
public void setmescontent(String mescontent)
{
    this.mescontent=mescontent;
}
public String getmesip()
{
    return mesip;
}
public void setmesip(String mesip)
{
    this.mesip=mesip;
}
public Date getmesdate()
{
    return mesdate;
}
public void setmesdate(Date mesdate)
{
    this.mesdate=mesdate;
}
public int getuserage()
{
    return userage;
}
public void setuserage(int age)
{
    this.userage=age;
}
}
}
```

从上面代码可以发现,每个数据表中的字段在这个实体中都有对应,每个字段都有两个不同的方法,一个是 set,一个是 get,它们的作用分别是设置和获取,这个实体创立后就和表中的数据对应。对实体的操作会实时更新到数据库中。

13.4.3　Persistence.xml 配置

先来关注一下持久化的配置文件,它在 META-INF 目录下,为 Persistence.xml。双击打开,编写 xml 文件如下:

Persistence.xml

```
<?xml version="1.0" encoding="UTF-8"?>
<persistence version="1.0" xmlns="http://java.sun.com/xml/ns/persistence"
xmlns:xsi="http://www.w3.org/2001/XMLSchema-instance"
xsi:schemaLocation="http://java.sun.com/xml/ns/persistence
```

```
http://java.sun.com/xml/ns/persistence/persistence_1_0.xsd">
    <persistence-unit name="default" transaction-type="JTA">
        <jta-data-source>java:/MSSQLDS</jta-data-source>
        <properties>
            <property name="hibernate.dialect" value="org.hibernate.dialect.
            SQLServerDialect"/>
            <property name="hibernate.hbm2ddl.auto" value="update"/>
            <property name="hibernate.show_sql" value="true"/>
        </properties>
    </persistence-unit>
</persistence>
```

〈persistence-unit name＝"default" transaction-type＝"JTA"〉是持久化单元名。如果使用了多个持久化单元名,JNDI获取的这种持久化单元的 Bean 名称应该与应用程序用来引用它们的持久化单元名称相符。

〈jta-data-source〉java:/MSSQLDS〈/jta-data-source〉指明连接数据库的数据源,就是刚才配置在 JBoss 下面的 mssql-ds.xml。

(1)〈property name＝"hibernate.dialect" value＝"org.hibernate.dialect.SQLServer-Dialect"/〉:指明 hibernate 的方言类为 org.hibernate.dialect.SQLServerDialect。

(2)〈property name＝"hibernate.hbm2ddl.auto" value＝"update"/〉:这个参数的作用主要用于自动创建、更新、验证数据库表结构。如果没有此方面的需求建议 set value＝"none"。

(3)其他几个参数的含义如下:

① validate:加载 hibernate 时,验证创建数据库表结构。

② create:每次加载 hibernate,重新创建数据库表结构。

③ create-drop:加载 hibernate 时创建,退出时删除表结构。

④ update:加载 hibernate 时自动更新数据库结构。

〈property name＝"hibernate.show_sql" value＝"true"/〉默认设定为 false,设定为 true的话会显示 hql 和 sql。

13.4.4　开发 Session Bean 来操作 entityBean

从这个 Guestbook.java Bean 中不难发现,根本不能通过 Guestbook.java 来操作数据库,所以还需要编写一个 Session Bean 来对该实体 Bean 进行修改、删除、新增、查询等操作。这里,应用无状态本地Session Bean。

还在 EJBTest 这个项目中开发,右击它并选择 New|Session Bean,取名为 GuestbookDAO,选择无状态本地参数(DAO 是 Data Access Objects 即数据访问对象的缩写)。这样,在 EJBTest 项目中多了两个文件,如图 13-21 所示。

编写 GuestbookDAOLocal.java,实现本地调用,其源代码如下:

图 13-21　创建 Session Bean

GuestbookDAOLocal. java

```
package entityBean;
import java.util.Date;
import java.util.List;

import javax.ejb.Local;

@Local
public interface GuestbookDAOLocal {
public boolean insertGuestbook(String username,int userage,Date mesdate,
String mesip,String mescontent);
public List<Guestbook>findAll();
}
```

编写 GuestbookDAO. java，实现对实体 Bean 的逻辑操作，其源代码如下：

GuestbookDAO. java

```
package entityBean;

import java.util.Date;
import java.util.List;

import javax.ejb.Stateless;
import javax.persistence.EntityManager;
import javax.persistence.PersistenceContext;
import javax.persistence.Query;

/**
* Session Bean implementation class GuestbookDAO
*/
@Stateless
public class GuestbookDAO implements GuestbookDAOLocal {

    /**
     * Default constructor.
     */
@PersistenceContext(unitName="default")
protected EntityManager em;
    public GuestbookDAO() {
        //TODO Auto-generated constructor stub
    }
    public boolean insertGuestbook(String username,int userage,Date mesdate,
    String mesip,String mescontent) {
    try {
```

```
            Guestbook gk=new Guestbook();
            gk.setusername(username);
            gk.setuserage(userage);
            gk.setmescontent(mescontent);
            gk.setmesdate(mesdate);
            gk.setmesip(mesip);
            em.persist(gk);
        } catch (Exception e) {
        e.printStackTrace();
        return false;
        }
        return true;
        }
@SuppressWarnings("unchecked")
public List<Guestbook>findAll() {
    Query query=em.createQuery("select s from Guestbook s");
    return (List<Guestbook>)query.getResultList();
    }

}
```

@PersistenceContext(unitName＝"default")，容器通过@PersistenceContext 注释动态注入 EntityManager 对象，default 为刚才配置的持久对象名。

程序中只有一个添加留言记录的方法，接口将用户留言相关信息传入，通过实体管理写入数据，完成对数据库的操作；还有查找所有留言记录 List〈Guestbook〉findAll。

Query query＝em. createQuery("select s from Guestbook s")；这个查询是 SQL 语句，from 后面的对象就是刚才建立的实体 Bean。

13.4.5　程序的部署及留言板表现程序

按照上面的方法，将 EJBTest 项目打包成 jar 文件，放到 server\default\deploy 目录下，完成服务器端部署。

到目前为止，已经完成了对数据库的两层设计：实体 Bean 是直接建立在数据库上，对数据库数据实时更新操作；无状态本地会话 Bean 是一个对数据的逻辑操作过程，建立在实体 Bean 的基础上。

怎么实现用户操作呢？需要编写一个留言板表现层的程序，利用前面创建的 myfirst 项目，先将刚才编写的项目包含进来，具体方法是：右击 Propertites，选择 Java Build Path，单击 Add 按钮，把 EJBTest 包含进来，单击 OK 按钮，退出。然后单击鼠标右键，选择 New｜ JSP 菜单命令，新建 JSP 文件，取名为 GuestBookEntity.jsp，其源代码如下：

GuestBookEntity. jsp

```
<%@ page language="java" contentType="text/html; charset=GB 18030"
    pageEncoding="GB 18030" import="java.sql.*"%>
<%@ page
```

```
import="javax.naming.*,java.util.List,entityBean.GuestbookDAOLocal,
entityBean.Guestbook"%>
<!DOCTYPE html PUBLIC "-//W3C//DTD HTML 4.01 Transitional//EN"
"http://www.w3.org/TR/html4/loose.dtd">
<html>
<head>
<meta http-equiv="Content-Type" content="text/html; charset=GB 18030">
<title>留言板</title>
</head>
<body>
<%
if (request.getParameter("button")!="" &&request.getParameter("button")!=null)
{
String guestname=new String(request.getParameter("guestname").getBytes
("ISO 8859_1"),"GB 2312");
String guestage=request.getParameter("guestage");
String guestcontent=new String(request.getParameter("guestcontent").getBytes
("ISO 8859_1"),"GB 2312");
try{

    InitialContext ctx=new InitialContext();
    GuestbookDAOLocal entitySessionGuestbook=(GuestbookDAOLocal)
    ctx.lookup("GuestbookDAO/local");                          //检索指定的对象
    Date senddate=new Date(System.currentTimeMillis());
    String sendip=request.getRemoteAddr();
    if
    (entitySessionGuestbook.insertGuestbook(guestname,Integer.parseInt(guestage),
    senddate,sendip,guestcontent))
    {
        out.print("新增成功");
    }
    else
    {
        out.print("新增失败");
    }

}
catch(Exception e)
{
    e.printStackTrace();
}
}
try{
InitialContext ctx=new InitialContext();
GuestbookDAOLocal entitySessionGuestbook=(GuestbookDAOLocal)
```

```
ctx.lookup("GuestbookDAO/local");                //检索指定的对象
List<Guestbook>guestbooklist=entitySessionGuestbook.findAll();
out.print("<table width='100%'>");
//遍历处理结果集信息
for(Object o : guestbooklist){
    Guestbook gus= (Guestbook)o;
    out.print("<tr><td>姓名：</td><td>"+gus.getusername()+"</td>");
    out.print("<td>年龄：</td><td>"+gus.getuserage()+"</td>");
    out.print("<td>日期：</td><td>"+gus.getmesdate()+"</td>");
    out.print("<td>IP：</td><td>"+gus.getmesip()+"</td></tr>");
    out.print("<tr><td>内容：</td><td colspan='7'>"+gus.getmescontent()+
    "</td></tr>");
    out.print("<tr><td colspan='8'><hr/></td></tr>");
    }
out.print("</table>");


}
catch(Exception e)
{
    e.printStackTrace();
}
%><form name="form1" method="post" action="">
<table width="60%" align="center">
  <tr>
    <td>姓名：</td>
    <td>
      <label>
        <input type="text" name="guestname" id="guestname">
      </label>
    </td>
    <td>年龄：</td>
    <td><input type="text" name="guestage" id="guestage"></td>
  </tr>
  <tr>
    <td>内容：</td>
    <td colspan="3"><label>
      <textarea name="guestcontent" id="guestcontent" cols="45" rows="5">
      </textarea>
    </label></td>
    </tr>
  <tr>
    <td> </td>
    <td colspan="3"><label>
      <input type="submit" name="button" id="button" value="提交留言">
```

```
    </label></td>
    </tr>
</table></form>


</body>
</html>
```

13.4.6 EntityManager 常用方法

(1) void clear()：所有正在被管理的实体将会从持久化内容中分离出来。

(2) void close()：关闭正在管理的实体。

(3) boolean contains(Object entity)：确认是否适于正在管理的实体。

(4) Query createNamedQuery(String name)：创建一个存在的查询实例(JPQL 或 SQL)。

(5) Query createNativeQuery(String sqlString)：执行 SQL 语句。

(6) Query createQuery(String sqlString)：执行 JPQL 语句。

(7) 〈T〉T find(Class〈T〉entityClass，Object primaryKey)：在一个实体中寻找一个关键字。

(8) void flush()：实体同步到数据库中。

(9) Object getDelegate()：获取持久化实现者的引用。

(10) boolean isOpen()：检测实体对象是否打开。

(11) void lock(Object entity，LockModeType lockMode)：为一个实体对象设定锁模式。

(12) 〈T〉T merge(T entity)：数据同步到数据库中。

(13) void persist(Object entity)：添加实体 Bean,数据同步到数据库。

(14) void refresh(Object entity)：从数据库中更新了实例的状态,覆盖变化实体(如果有)。

(15) void remove(Object entity)：删除实体。

本 章 小 结

EJB 技术是 JSP 开发以及 J2EE 开发过程中的核心技术,掌握好 EJB 技术对开发 J2EE 有重要的帮助。在本章中,要掌握 EJB 的三种类型。不同的开发工具可能对 EJB 的开发方法不同,但是整体的开发原理是相同的。

习题及实训

1. EJB 分为几种类系？其特点和各自的作用分别是什么？

2. Session Bean 如果分成 4 类,可分成哪 4 类？它们的区别是什么？

3. 简要说明消息驱动 Bean 的工作原理以及作用,以及在实际开发中哪些地方可以使用(拓展思维)。

4. Entity Bean 的主要作用是什么?

5. 设计利用 Entity Bean、Session Bean 开发一个数据库应用程序。要求建立一个学生资料库,通过 BS 形式向数据库中添加学生信息,并完成部分查询功能。

第 14 章　JSP 与 J2EE 分布式处理技术

本章要点

本章主要讲述 J2EE 分布式处理技术的概念,并结合实例开发详细讲解 J2EE 技术在开发过程中的应用。

14.1　概　　述

14.1.1　分布式系统

传统的应用系统模式是"主机/终端"或"客户机/服务器",客户机/服务器系统(Client/Server System)的结构是指把一个大型的计算机应用系统变为多个相互独立的子系统,而服务器便是整个应用系统资源的存储与管理中心,多台客户机则各自处理相应的功能,共同实现完整的应用。随着 Internet 的发展壮大,这些传统模式已经不能适应新的环境,于是就产生了新的分布式应用系统,即所谓的"浏览器/服务器"结构、"瘦客户机"模式。

在 Client/Server 结构模式中,客户端直接连接到数据库服务器,由二者分担业务处理,这样体系有以下的缺点:

(1) Client 与 Server 直接连接,安全性低。非法用户容易通过 Client 直接闯入中心数据库,造成数据损失。

(2) Client 程序肥大,并且随着业务规则的变化,需要随时更新 Client 端程序,大大增加维护量,造成维护工作困难。

(3) 每个 Client 都要直接连到数据库服务器,使服务器为每个 Client 建立连接而消耗大量本来就紧张的服务器资源。

(4) 大量的数据直接 Client/Server 传送,在业务高峰期容易造成网络流量暴增,网络阻塞。

Client/Server 模式的这些先天不足,随着业务量的变化,出现越来越多的问题,我们有必要对这种两层体系进行改革,将业务处理与客户交互分开来,实现瘦客户/业务服务/数据服务的多层分布式应用体系结构。

随着中间件与 Web 技术的发展,三层或多层分布式应用体系越来越流行。在这种体系结构中,客户机只存放表示层软件,应用逻辑包括事务处理、监控、信息排队、Web 服务等采用专门的中间件服务器,后台是数据库。在多层分布式体系中,系统资源被统一管理和使用,用户可以通过网格门户透明地使用整个网络资源。各层次按照以下方式进行划分,实现明确分工:

(1) 瘦客户:提供简洁的人机交互界面,完成数据的输入输出。

(2) 业务服务:完成业务逻辑,实现客户与数据库对话的桥梁。同时,在这一层中,还应实现分布式管理、负载均衡、安全隔离等。

(3) 数据服务：提供数据的存储服务。一般就是数据库系统。

多层分布式体系主要特点：

(1) 安全性：中间层隔离了客户直接对数据服务器的访问，保护了数据库的安全。

(2) 稳定性：中间层缓冲 Client 与数据库的实际连接，使数据库的实际连接数量远小于 Client 应用数量。当然，连接数越少，数据库系统就越稳定，Fail/Recover 机制能够在一台服务器当主机的情况下，透明地把客户端工作转移到其他具有同样业务功能的服务器上。

(3) 易维护：由于业务逻辑在中间服务器，当业务规则变化后，客户端程序基本不做改动。

(4) 快速响应：通过负载均衡以及中间层缓存数据能力，可以提高对客户端的响应速度。

(5) 系统扩展灵活：基于多层分布体系，当业务增大时，可以在中间层部署更多的应用服务器，提高对客户端的响应，而所有变化对客户端透明。

14.1.2　J2EE 概念

目前，Java 2 平台有 3 个版本，它们是适用于小型设备和智能卡的 Java 2 平台 Micro 版(Java 2 Platform Micro Edition，J2ME)、适用于桌面系统的 Java 2 平台标准版(Java 2 Platform Standard Edition，J2SE)、适用于创建服务器应用程序和服务的 Java 2 平台企业版(Java 2 Platform Enterprise Edition，J2EE)。

J2EE 是 Sun 公司提出的多层(multi-diered)、分布式(distributed)、基于组件(component-base)的企业级应用模型(enterprise application model)。

J2EE 是一种利用 Java 2 平台来简化企业解决方案的开发、部署和管理相关的复杂问题的体系结构。J2EE 技术的基础就是核心 Java 平台或 Java 2 平台的标准版，J2EE 不仅巩固了标准版中的许多优点，例如"编写一次、随处运行"的特性，方便存取数据库的 JDBC API、CORBA 技术，以及能够在 Internet 应用中保护数据的安全模式等，同时还提供了对 EJB(Enterprise JavaBeans)、Java Servlets API、JSP 以及 XML 技术的全面支持。其最终目的就是成为一个能够使企业开发者大幅缩短投放市场时间的体系结构。

14.1.3　J2EE 的 4 层模型

J2EE 使用多层的分布式应用模型，应用逻辑按功能划分为组件，各个应用组件根据它们所在的层分布在不同的机器上。事实上，Sun 设计 J2EE 的初衷正是为了解决两层模式(Client/Server)的弊端，在传统模式中，客户端担当了过多的角色而显得臃肿，在这种模式中，第一次部署的时候比较容易，但难以升级或改进，可伸展性也不理想，而且经常基于某种专有的协议通常是某种数据库协议。它使得重用业务逻辑和界面逻辑非常困难。现在 J2EE 的多层企业级应用模型将两层化模型中的不同层面切分成许多层。一个多层化应用能够为不同的每种服务提供一个独立的层，以下是 J2EE 典型的 4 层结构，如图 14-1 所示。

(1) 运行在客户端机器上的客户层组件：客户机运行的程序，包括小应用程序、独立的应用程序、网页或 Java Bean 等。

(2) 运行在 J2EE 服务器上的 Web 层组件：可以是运行在 J2EE 服务器上的 JSP 页面或 Servlets。按照 J2EE 规范，静态的 HTML 页面和 Applets 不算是 Web 层组件。

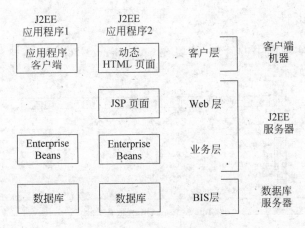

图 14-1　J2EE 典型的 4 层结构

（3）运行在 J2EE 服务器上的业务逻辑层组件：业务层代码的逻辑用来满足各种应用的需要，由运行在业务层上的 Enterprise Beans 进行处理。组件为 EJB，包括三种企业级的 Bean：会话 Bean、实体 Bean 和消息驱动 Bean。

（4）运行在 EIS 服务器上的企业信息系统（Enterprise Information System）层软件：包括企业基础建设系统如企业资源计划（ERP）、数据库系统和其他信息系统。例如数据库系统运行在该层，并可能有专门的数据库服务器。

14.1.4　Web 层的 JSP

14.1.3 小节提到 Web 层是运行在 J2EE 服务器上的 JSP 页面或 Servlets。JSP 程序由一个 URL 标识组成，这个 URL 与客户端 Web 页面中的一个超链接相关联，当用户单击超链接时，浏览器就会调用相应的 JSP 程序，执行程序中的 JSP 语句。例如，一个用户提交留言信息，就是由一个 HTML 表单中获得并传送到 JSP 程序，由 JSP 程序调用多个 EJB，对留言信息进行处理并存储到数据库中。

JSP 程序可以分为两个部分：表现组件和处理逻辑组件。表现组件就是在客户端上显示的内容，例如一个留言表单或者一个新闻列表；处理逻辑组件定义了客户端调用 JSP 程序时使用的业务逻辑规则。

但是，在实际编写代码中会发现，两个组件都放在 JSP 页面中会导致编写的不可维护，主要是因为编写人员各有所长，编写 HTML 程序的程序员可能对 JSP 代码无法理解，而编写 JSP 代码的程序员又不能很好地应用 HTML 页面的布局，所以编写 JSP 代码的时候最好能将表现组件和处理逻辑组件分开，将表现组件放在 JSP 页面里，将处理逻辑组件放入 EJB 代码中，也可以将 JSP 页面代码和图形界面分开。

14.2　J2EE 的图书管理系统

本节应用一个实例来具体对 J2EE 的设计过程进行讲解，这里设计一个简单的图书管理系统中的图书管理模块，里面包括图书的新增、图书的查询等功能。

本程序的开发环境仍为 JBuilder 2008＋JBoss 5.0，数据库使用 SQL Server 2000。

14.2.1 数据库设计

本实例主要是实现图书的管理,需要在 SQL Server 2000 中新建一个数据库,取名为 BookDb,如图 14-2 所示。

	列名	数据类型	长度	允许空
🔑	id	int	4	
	bookno	varchar	50	✔
	bookname	varchar	50	✔
	author	varchar	50	✔
	press	varchar	50	✔
	intro	text	16	✔
	addtime	datetime	8	✔
	quantity	int	4	✔

图 14-2　BookDb 数据库结构

其中 id 为自动编号,bookno 为书编号,可为书的条形码,bookname 为书名,author 为作者,press 为出版社,intro 为书介绍,addtime 为新增时间,quantity 为书数量。其建立 SQL 语句如下:

```
if exists (select * from dbo.sysobjects where id=object_id(N'[dbo].[book_table]') and
OBJECTPROPERTY(id, N'IsUserTable')=1)
drop table [dbo].[book_table]
GO


CREATE TABLE [dbo].[book_table] (
[id][int] IDENTITY (1, 1) NOT NULL,
[bookno][varchar] (50) COLLATE Chinese_PRC_CI_AS NULL,
[bookname][varchar] (50) COLLATE Chinese_PRC_CI_AS NULL,
[author][varchar] (50) COLLATE Chinese_PRC_CI_AS NULL,
[press][varchar] (50) COLLATE Chinese_PRC_CI_AS NULL,
[intro][text] COLLATE Chinese_PRC_CI_AS NULL,
[addtime][datetime] NULL,
[quantity][int] NULL
) ON [PRIMARY] TEXTIMAGE_ON [PRIMARY]
GO


ALTER TABLE [dbo].[book_table] ADD
CONSTRAINT [PK_book_table] PRIMARY KEY  CLUSTERED
(
    [id]
)  ON [PRIMARY]
GO
```

14.2.2 图书系统的设计

首先需要的功能是显示数据库中所有的书籍,还要具有对图书的添加功能,这里应用了对数据库的查询以及新增两块重要的功能。

根据 J2EE 的 4 层模块,需要这样设计:

(1) 客户层:显示所有书籍的页面以及添加新书籍的表单。

(2) Web 层:JSP 代码,获取表单信息,调用 EJB。

(3) 业务层:主要组成是 EJB,可以分为实体 Bean,主要用于处理数据库部分,还有会话 Bean,主要用于处理业务逻辑部分,调用实体 Bean 实现对数据库的操作。

(4) EIS 层:主要为 SQLServer 服务器以及其他信息系统,本系统中主要是数据库。

客户层主要是一些图书显示和新书籍添加表单,这部分主要是 HTML 代码组成,建议使用可视的 Web 编程工具,例如 Dreamweaver 来进行设计。对于 Web 层可以使用 Dreamweaver,也可以在 JBuilder 中进行开发。业务层使用 JBuilder 进行开发。

从以上的设计不难看出,每个层次的开发过程都可以分开,开发小组的分工可以分得很详细,从数据库的设计,到数据库逻辑的开发、数据库操作的开发、JSP 代码的开发,再到图形界面的开发,都分离开来,开发过程可以发挥不同程序员的特长进行分工。这也是 J2EE 开发过程中一个重要的特点。

在此举的例子是比较简单的,但是无论简单还是复杂的系统都可以遵循这样的开发原则,这对于系统的整体把握以及以后的再开发都非常必要。下面就具体介绍怎样利用 J2EE 来开发一个简单的系统。

14.2.3 客户层的开发

客户层就是用户在客户端上所看到的页面,这里既可以是 HTML 静态页面,也可以是经过服务器处理返回到客户端的动态页面。

在本例中,需要设计出两个部分:一是书籍的列表,还有就是提交书籍的表单。下面我们通过这个实例开发简单说明怎样利用 Dreamweaver 来设计页面。当然需要设计出一个漂亮的页面光靠 Dreamweaver 还不够,有时候还需要利用图形设计软件,例如 Photoshop 或者 Fireworks 进行设计,先将页面组织在图片里,然后通过图片切片再在 Dreamweaver 中生成页面。这里,不过多介绍这方面的设计,只简单地通过 Dreamweaver 来完成客户层页面。

需要设计一个如图 14-3 所示的客户层界面。

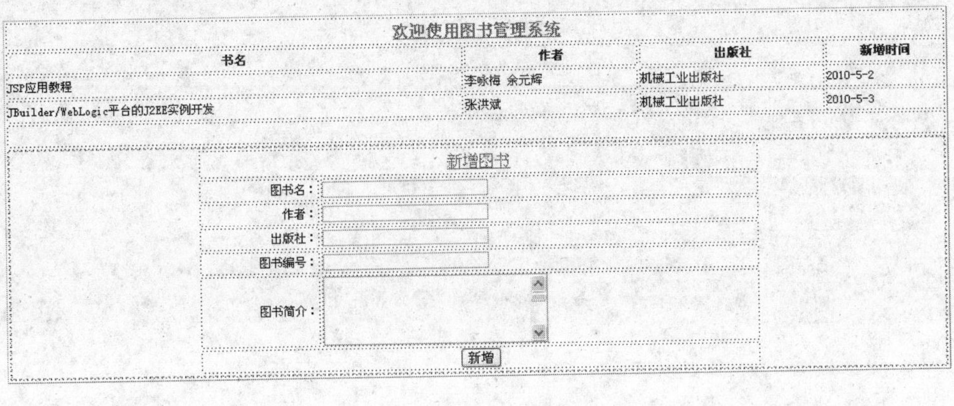

图 14-3 客户层界面

其 HTML 代码如下：

```html
<html xmlns="http://www.w3.org/1999/xhtml">
<head>
<meta http-equiv="Content-Type" content="text/html; charset=GB 2312"/>
<title>欢迎使用图书管理系统</title>
<style type="text/css">
.TEXT1 {
font-size: 12px;
line-height: 20px;
color: #000000;
text-decoration: none;
}
.TEXT2 {
font-size: 16px;
line-height: 25px;
color: #8F432E;
text-decoration: underline;
}
</style></head>

<body>
<table width="100%" class="TEXT1">
  <tr>
    <td colspan="4" align="center" class="TEXT2"><strong>欢迎使用图书管理系统
    </strong></td>
  </tr>
  <tr>
    <td align="center"><strong>书名</strong></td>
    <td align="center"><strong>作者</strong></td>
    <td align="center"><strong>出版社</strong></td>
    <td align="center"><strong>新增时间</strong></td>
  </tr>
  <tr>
    <td>JSP 应用教程</td>
    <td>李咏梅 余元辉</td>
    <td>机械工业出版社</td>
    <td>2010-5-2</td>
  </tr>
  <tr>
    <td>JBuilder/WebLogic 平台的 J2EE 实例开发</td>
    <td>张洪斌</td>
    <td>机械工业出版社</td>
    <td>2010-5-3</td>
```

```
      </tr>
      <tr>
        <td colspan="4"> </td>
      </tr>
      <tr>
        <td colspan="4"><form><table width="60%" align="center">
          <tr>
            <td colspan="2" align="center" class="TEXT2">新增图书</td>
          </tr>
          <tr>
            <td align="right">图书名：</td>
            <td><label>
              <input type="text" name="bookname" id="bookname"/>
            </label></td>
          </tr>
          <tr>
            <td align="right">作者：</td>
            <td><input type="text" name="author" id="author"/></td>
          </tr>
          <tr>
            <td align="right">出版社：</td>
            <td><input type="text" name="press" id="press"/></td>
          </tr>
          <tr>
            <td align="right">图书编号：</td>
            <td><input type="text" name="bookno" id="bookno"/></td>
          </tr>
          <tr>
            <td align="right">图书简介：</td>
            <td><textarea name="intro" cols="30" rows="5" id="intro"></textarea></td>
          </tr>
          <tr>
            <td colspan="2" align="center"><label>
              <input type="submit" name="button" id="button" value="新增"/>
            </label></td>
          </tr>
        </table></form></td>
      </tr>
    </table>
  </body>
</html>
```

在 IE 下显示效果如图 14-4 所示。

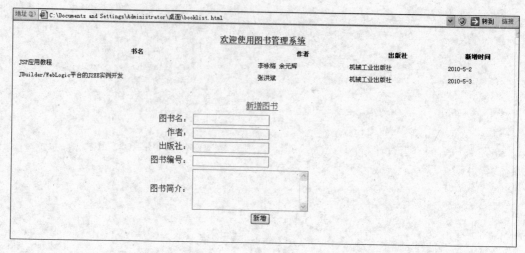

图 14-4　客户层界面浏览效果

14.2.4　业务层的开发

因为 Web 层涉及 EJB 的调用过程,所以先进行 EJB 的开发。前面说到业务层包括两部分的开发,一个是实体 Bean,一个是会话 Bean。这两部分都是 EJB 的主体部分。

先配置好连接数据库的配置文件,在 JBoss 目录 server\default\deploy 下找到配置文件 mssql-ds. xml,将以下代码加在⟨datasources⟩⟨/datasources⟩中。

```
<local-tx-datasource>
<jndi-name>BookSys</jndi-name>
<connection-url>jdbc:sqlserver://localhost:1433;DatabaseName=bookdb
</connection-url>
<driver-class>com.microsoft.sqlserver.jdbc.SQLServerDriver</driver-class>
<user-name>book</user-name>
<password>book</password>
<metadata>
<type-mapping>MS SQLSERVER2000</type-mapping>
</metadata>
</local-tx-datasource>
```

这里需要说明的是,数据库的用户名和密码需要在 SQLServer 中进行预先设置。

再来建立一个项目,名为 BookSys,选择 File|New|EJB Project 命令,如图 14-5 所示。

要将这个项目新增持久化的模块,具体做法是右击项目,选择 Properties,打开如图 13-15 所示的窗口。

在左侧选择 Project Facets,选中 Java Persistence,单击 OK 按钮,这样这个 EJB 项目就能支持 JPA Entity 了。创建实体 Bean 的方法和第 13 章类似,这里就不重复列举,以下为 BookList. java 的源代码:

图 14-5 新建 EJB 项目

BookList. java

```
package EntityBean;
import java.io.Serializable;
import java.util.*;
import javax.persistence.*;

/**
 * Entity implementation class for Entity: BookList
 *
 * /
@Entity
@Table(name="Book_table")
public class BookList implements Serializable {
private String bookno;
private int quantity;
private String bookname;
private Date addtime;
private String author;
private int id;
private String press;
private String intro;
private static final long serialVersionUID=1L;
@GeneratedValue(strategy=GenerationType.AUTO)        //ID生成方式
```

```java
@Id
public int getId()
{
    return id;
}
public String getbookno()
{
    return bookno;
}
public void setbookno(String bookno)
{
    this.bookno=bookno;
}
public String getbookname()
{
    return bookname;
}
    public void setbookname(String bookname)
    {
    this.bookname=bookname;
}
public String getauthor()
{
    return author;
}
    public void setauthor(String author)
    {
    this.author=author;
}
public Date getaddtime()
{
    return addtime;
}
public void setaddtime(Date addtime)
{
    this.addtime=addtime;
}
public int getquantity()
{
    return quantity;
}
public void setquantity(int quantity)
{
```

```
        this.quantity=quantity;
}
public String getpress()
{
        return press;
}
public void setpress(String press)
{
        this.press=press;
}
public String getintro()
{
        return intro;
}
public void setintro(String intro)
{
        this.intro=intro;
}
}
```

先来关注一下持久化的配置文件,它在 META-INF 目录下,为 Persistence. xml,双击打开,编写其文件如下:

Persistence. xml

```
<?xml version="1.0" encoding="UTF-8"?>
<persistence version="1.0" xmlns="http://java. sun. com/xml/ns/persistence"
xmlns:xsi="http://www.w3.org/2001/XMLSchema-instance"
xsi:schemaLocation="http://java.sun.com/xml/ns/persistence
http://java.sun.com/xml/ns/persistence/persistence_1_0.xsd">
<persistence-unit name="BookListunit" transaction-type="JTA">
    <jta-data-source>java:/BookSys</jta-data-source>
    <class>EntityBean.BookList</class>
    <properties>
        <property name="hibernate.dialect" value="org.hibernate.dialect.
        SQLServerDialect"/>
        <property name="hibernate.hbm2ddl.auto" value="update"/>
        <property name="hibernate.show_sql" value="true"/>
    </properties>
</persistence-unit>
</persistence>
```

下面来开发会话 Bean,它们实现对实体 Bean 的调用,并对外提供一个接口。按照第 13 章的方法,建立一个无状态远程的会话 Bean,取名为 BookListDAO,它包括了两个文件,具体代码如下:

BookListDAORemote. java

```java
package SessionBean;
import java.util.Date;
import java.util.List;

import javax.ejb.Remote;

import EntityBean.BookList;

@Remote
public interface BookDAORemote {
public boolean insertBook(Date date,String bookno,int quantity,
String bookname,String author,String press,String intro);
public List<BookList>findAll();
}
```

这里实现了两个远程调用的方法 insertBook 和 List〈BookList〉findAll，作用分别是添加图书和显示所有图书。在 BookListDAO. java 中实现了上述的远程调用，源代码如下：

```java
package SessionBean;

import java.util.Date;
import java.util.List;

import javax.ejb.Stateless;
import javax.persistence.EntityManager;
import javax.persistence.PersistenceContext;
import javax.persistence.Query;
import EntityBean.BookList;

/**
 * Session Bean implementation class BookDAO
 */
@Stateless
public class BookDAO implements BookDAORemote {

@PersistenceContext(unitName="BookListunit")
protected EntityManager em;
    public BookDAO() {
      //TODO Auto-generated constructor stub


    }
public boolean insertBook(Date date,String bookno,int quantity,String bookname,
String author,String press,String intro){
    try {
        BookList bk=new BookList();
```

```
        bk.setbookno(bookno);
        bk.setquantity(quantity);
        bk.setbookname(bookname);
        bk.setauthor(author);
        bk.setpress(press);
        bk.setintro(intro);
        bk.setaddtime(date);
        em.persist(bk);
    } catch (Exception e) {
    e.printStackTrace();
    return false;
    }
    return true;
    }
@SuppressWarnings("unchecked")
public List<BookList> findAll() {
    Query query=em.createQuery("select s from BookList s");
    return (List<BookList>)query.getResultList();
    }

}
```

到现在为止,业务层代码就完成了,这部分作用就是实现了两个逻辑方法,一个是添加数据到数据库中,一个是查询数据,将数据返回到列表中。

将 BookSys 项目打包成 jar 文件,放到 server\default\deploy 目录下,完成服务器端的部署。

14.2.5　Web 层的开发

Web 层是运行在 J2EE 服务器上的 JSP 代码,这里需要有两个部分的功能,一个是获取表单数据,调用业务层方法将其写入数据库;一个是调用业务层代码,实现查询功能,并将查询结果在页面上显示出来,返回给客户端。

在 myfirst 这个项目中,右击 Propertites,选择 Java Build Path,单击 Add 按钮,把BookSys 包含进来,单击 OK 按钮,退出。然后右击并选择 New|JSP,新建一个 JSP 页面,取名为 BookList.jsp。将前面开发出的客户层中的 HTML 代码中的〈body〉〈/body〉之间的部分复制过来,粘贴到 JSP 页面的〈body〉〈/body〉中。

最终 BookList.jsp 的源代码如下:

BookList. jsp

```
<%@page language="java" contentType="text/html; charset=GB 18030"
    pageEncoding="GB 18030" import="java.sql.*"%>
    <%@page
    import=" javax. naming. * , java. util. List, SessionBean. BookDAORemote,
    EntityBean.BookList"%>
```

```
<!DOCTYPE html PUBLIC "-//W3C//DTD HTML 4.01 Transitional//EN"
"http://www.w3.org/TR/html4/loose.dtd">
<html>
<head>
<title>欢迎使用图书管理系统</title>
<style type="text/css">
.TEXT1 {
font-size: 12px;
line-height: 20px;
color: #000000;
text-decoration: none;
}
.TEXT2 {
font-size: 16px;
line-height: 25px;
color: #8F432E;
text-decoration: underline;
}
</style></head>

<body>
<table width="100%" class="TEXT1">
  <tr>
    <td colspan="4" align="center" class="TEXT2"><strong>欢迎使用图书管理系统
    </strong></td>
  </tr>
  <tr>
    <td align="center"><strong>书名</strong></td>
    <td align="center"><strong>作者</strong></td>
    <td align="center"><strong>出版社</strong></td>
    <td align="center"><strong>新增时间</strong></td>
  </tr>
  <%
if (request.getParameter("button")!="" &&request.getParameter("button")!=null)
  {
      String bookname=new
      String(request.getParameter("bookname").getBytes("ISO8859_1"),"GB 2312");
      String author=new String(request.getParameter("author").getBytes
      ("ISO 8859_1"),"GB 2312");
      String press=new String(request.getParameter("press").getBytes
      ("ISO 8859_1"),"GB 2312");
      String bookno=new String(request.getParameter("bookno").getBytes
      ("ISO 8859_1"),"GB 2312");
```

```
    String intro=new String(request.getParameter("intro").getBytes("ISO 8859_
    1"),"GB 2312");
    String quantity=request.getParameter("quantity");
    try{
    InitialContext ctx=new InitialContext();
    BookDAORemote BookR=(BookDAORemote) ctx.lookup("BookDAO/remote");
        //检索指定的对象
        Date senddate=new Date(System.currentTimeMillis());
        if (BookR.insertBook(senddate,bookno,
        Integer.parseInt(quantity),bookname,author,press,intro))
        {
            out.print("新增成功");
        }
        else
        {
            out.print("新增失败");
        }


    }
    catch(Exception e)
    {
        e.printStackTrace();
    }
}
try{
    InitialContext ctx=new InitialContext();
    BookDAORemote BookR=(BookDAORemote) ctx.lookup("BookDAO/remote");
        //检索指定的对象
    List<BookList>BookL=BookR.findAll();
    //遍历处理结果集信息
    for(Object o : BookL){
        BookList Books=(BookList)o;
        out.print("<tr><td align='center'>"+Books.getbookname()+"</td>");
        out.print("<td align='center'>"+Books.getauthor()+"</td>");
        out.print("<td align='center'>"+Books.getpress()+"</td>");
        out.print("<td align='center'>"+Books.getaddtime()+"</td></tr>");
        }
    out.print("<tr><td colspan='4'> </td></tr>");

}
catch(Exception e)
{
    out.print(e);
}%>
```

```
<tr>
  <td colspan="4"><form action="" method="post"><table width="60%" align=
  "center">
    <tr>
      <td colspan="2" align="center" class="TEXT2">新增图书</td>
    </tr>
    <tr>
      <td align="right">图书名: </td>
      <td><label>
        <input type="text" name="bookname" id="bookname"/>
      </label></td>
    </tr>
    <tr>
      <td align="right">作者: </td>
      <td><input type="text" name="author" id="author"/></td>
    </tr>
    <tr>
      <td align="right">出版社: </td>
      <td><input type="text" name="press" id="press"/></td>
    </tr>
    <tr>
      <td align="right">图书编号: </td>
      <td><input type="text" name="bookno" id="bookno"/></td>
    </tr>
          <tr>
      <td align="right">数量: </td>
      <td><input type="text" name="quantity" id="quantity"/></td>
    </tr>
    <tr>
      <td align="right">图书简介: </td>
      <td><textarea name="intro" cols="30" rows="5" id="intro"></textarea></td>
    </tr>
    <tr>
      <td colspan="2" align="center"><label>
        <input type="submit" name="button" id="button" value="新增"/>
      </label></td>
    </tr>
  </table></form></td>
</tr>
</table>
</body>
</html>
```

调试运行程序,显示结果如图 14-6 所示。

至此,一个 4 层结构的 J2EE 的图书管理系统的部分功能就已经实现了,4 个层次清晰

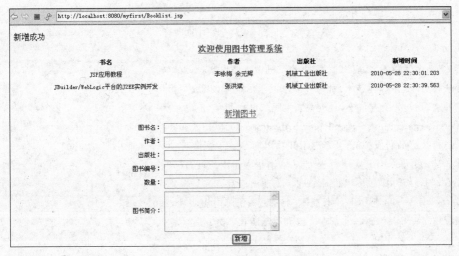

图 14-6　图书管理系统的运行

地表现出来。这个例子对于读者理解分布式 J2EE 很有帮助。

本 章 小 结

本章对 J2EE 及分布式系统做了简单的介绍。在实际应用系统的开发中,这种开发模式已经成为主流。本章还通过一个图书管理系统的实例,简单介绍了整个分布式系统的开发过程。

习题及实训

1. 什么是 J2EE? 它可以分为哪 4 层模型?

2. 什么是分布式系统? 它有哪些优点?

3. 简述 J2EE 分布式系统的开发过程。

4. 对本章的例子进行再开发,开发出具有删除和修改功能的程序。

5. 设计一个新闻系统,应用 J2EE 开发原理进行开发。要求要有后台系统,对新闻进行管理。同时也要有前台显示页面,显示新闻列表以及内容页。

参 考 文 献

[1] 李咏梅,余元辉.JSP 应用教程.北京：机械工业出版社,2006

[2] 孙一林.Java 多媒体技术.北京：清华大学出版社,2005

[3] 朱仲杰.Java 2 全方位学习.北京：人民邮电出版社,2003

[4] Hans Bergsten.JavaServer Pages. 3rd edition. O'Reilly,2003

[5] 飞思科技产品研发中心.JSP 应用开发详解.第 2 版.北京：电子工业出版社,2004

[6] 耿祥义,张跃平.JSP 实用教程.北京：清华大学出版社,2003

[7] Avedal K.JSP 编程指南.北京：电子工业出版社,2001

[8] Marty H. Servlet 与 JSP 核心技术.北京：人民邮电出版社,2001

[9] 廖若雪.JSP 高级编程.北京：机械工业出版社,2001

高等学校计算机专业教材精选

UG NX4 标准教程　余强　　　　　　　　　　　　　　　　　　ISBN 978-7-302-19311-1

计算机图形学基础教程（Visual C++ 版）　孔令德　　　　　　ISBN 978-7-302-17082-2

计算机图形学基础教程（Visual C++ 版）习题解答与编程实践　孔令德　　ISBN 978-7-302-21459-5

计算机图形学实践教程（Visual C++ 版）　孔令德　　　　　　ISBN 978-7-302-17148-5

网页制作实务教程　王嘉佳　　　　　　　　　　　　　　　　ISBN 978-7-302-19310-4

网络与通信技术

Web 开发技术实验指导　陈轶　　　　　　　　　　　　　　　ISBN 978-7-302-19942-7

Web 开发技术实用教程　陈轶　　　　　　　　　　　　　　　ISBN 978-7-302-17435-6

Web 数据库编程与应用　魏善沛　　　　　　　　　　　　　　ISBN 978-7-302-17398-4

Web 数据库系统开发教程　文振焜　　　　　　　　　　　　　ISBN 978-7-302-15759-5

计算机网络技术与实验　王建平　　　　　　　　　　　　　　ISBN 978-7-302-15214-9

计算机网络原理与通信技术　陈善广　　　　　　　　　　　　ISBN 978-7-302-15173-9

计算机组网与维护技术（第 2 版）　刘永华　　　　　　　　　ISBN 978-7-302-21458-8

实用网络工程技术　王建平　　　　　　　　　　　　　　　　ISBN 978-7-302-20169-4

网络安全基础教程　许伟　　　　　　　　　　　　　　　　　ISBN 978-7-302-19312-8

网络基础教程　于樊鹏　　　　　　　　　　　　　　　　　　ISBN 978-7-302-18717-2

网络信息安全　安葳鹏　　　　　　　　　　　　　　　　　　ISBN 978-7-302-22176-0